U0112462

—— 八闽茶韵 ——

平和白芽奇兰

福建省人民政府新闻办公室　编

顾　问：李瑞林　朱新丰　黄　堃
主　编：温天海
副主编：黄荣才　张国雄　林文彬
编　委：温天海　林文彬　黄荣才　张国雄
曾金河　江　倩　卢岸川　黄俊松

海峡出版发行集团 | 福建科学技术出版社
THE STRAITS PUBLISHING & DISTRIBUTING GROUP | FUJIAN SCIENCE & TECHNOLOGY PUBLISHING HOUSE

图书在版编目（CIP）数据

平和白芽奇兰 / 福建省人民政府新闻办公室编；温天海主编. —福州：福建科学技术出版社，2019.10
（“八闽茶韵”丛书）
ISBN 978-7-5335-5802-4

Ⅰ.①平… Ⅱ.①福… ②温… Ⅲ.①乌龙茶－茶文化－平和县 Ⅳ.①TS971.21

中国版本图书馆CIP数据核字（2018）第298963号

书　　名　平和白芽奇兰
　　　　　“八闽茶韵”丛书
编　　者　福建省人民政府新闻办公室
主　　编　温天海
出版发行　福建科学技术出版社
社　　址　福州市东水路76号（邮编350001）
网　　址　www.fjstp.com
经　　销　福建新华发行（集团）有限责任公司
印　　刷　福建彩色印刷有限公司
开　　本　700毫米×1000毫米　1/16
印　　张　8
图　　文　128码
版　　次　2019年10月第1版
印　　次　2019年10月第1次印刷
书　　号　ISBN 978-7-5335-5802-4
定　　价　48.00元

序　言

梁建勇

“八闽茶韵”丛书即将出版发行。以茶文化为媒，传承优秀传统文化，促进对外交流，很有意义。

福建是中国茶叶的重要发祥地和主产区之一。好山好水出好茶，八闽山水钟灵毓秀，孕育了独树一帜福建佳茗。早在1600年前，福建就有了产茶的文字记载。北宋时，福建的北苑贡茶名冠天下，斗茶之风风靡全国，催生了蔡襄的《茶录》等多部茶学名作，王安石、苏辙、陆游、李清照、朱熹等诗词名家在品鉴闽茶之后，留下了诸多不朽名篇。元朝时，武夷山九曲溪畔的皇家御茶园盛极一时，遗址至今犹在。明清时，福建人民首创乌龙茶、红茶、白茶、茉莉花茶，丰富了茶叶品类。千百年来，福建的茶人、茶叶、茶艺、茶风、茶具、茶俗，积淀了深厚的茶文化底蕴，在中国乃至世界茶叶发展史上都具有重要的历史地位和文化价值。

茶叶是文化的重要载体，也是联结中外、沟通世界的桥梁。自宋元以来，福建茶叶就从这里出发，沿着古代丝绸之路、“万里茶道”等，远销亚欧，走向世界，成为与丝绸、瓷器齐名的“中国符号”，成为传播中国文化、促进中外交流的重要使者。

当前，福建正在更高起点上推动新时代改革开放再出发，“八闽茶韵”丛书的出版正当其时。丛书共12册，涵盖了福建茶叶的主要品类，引用了丰富的历史资料，展示了闽茶的制作技艺、品鉴要领、典故传说和历史文化，记载了闽茶走向世界、沟通中外的千年佳话。希望这套丛书的出版，能让海内外更多朋友感受到闽茶文化韵传千载的独特魅力，也期待能有更多展示福建优秀传统文化的精品佳作问世，更好地讲述中国故事、福建故事，助推海上丝绸之路核心区和“一带一路”建设。

2019年2月

目 录

一 巍巍芹峰，孕育灵芽 / 1

（一）王阳明品茗议县 / 3

（二）云雾缭绕出名茶 / 7

（三）白芽奇兰的出生 / 11

（四）白芽奇兰的灵性 / 18

（五）生态栽培提品质 / 22

（六）茶旅结合展新姿 / 26

二 奇兰幽香，神工茶匠 / 37

（一）初制工艺 / 40

（二）精制工艺 / 49

（三）技艺传承人 / 53

三 茶柚结缘，伟人传情 / 57

（一）茶香柚甜，心归平和 / 59

（二）柚香奇兰，艺苑流芳 / 62

四 品兰赏韵，醉美舌尖 / 71

（一）选水择器备茶事 / 73

（二）冲泡与品鉴技法 / 77

（三）养生功效与宜忌 / 83

（四）茶王赛与两岸茶会 / 89

五 语堂故里，茗扬中外 / 97

（一）黄道周峰茶润笔 / 99

（二）林语堂“三泡说”论茶 / 102

（三）台湾茶与平和茶的渊源 / 106

（四）女排姑娘，爱喝奇兰 / 112

（五）扬帆起航，香飘万里 / 115

后记 /121

一

巍巍芹峰，孕育灵芽

平和县，古为扬州之城，周为七闽之地，明正德十三年（1518）由著名哲学家、军事家王阳明奏请置县，取“寇平而人和”之意。清时，平和有“小漳州”之称。平和县地处漳州西南部，与闽粤两省八县相连（东连龙海、漳浦，西邻广东大埔、饶平，南靠云霄、诏安，北接永定、南靖），素有“八县通衢”之称，为福建省重点侨乡和台胞祖籍地。全县现有总人口61万，居漳州市第四位；面积2334平方千米，居漳州市第一位。

（一）王阳明品茗议县

王守仁，别号阳明，学者称之为阳明先生，亦称王阳明，是明代著名的思想家、文学家、哲学家和军事家。

明朝正德十二年（1517）三月底，左佥都御史王守仁率大军来到南靖县河头，驻扎在大洋陂。河头大洋陂就是今天的平和县九峰镇。两个月前，王守仁奉旨征剿盘踞在闽粤边界山区十数年之久的暴乱山民。大军势如破竹，先后攻破长富村、象湖山等30多个山寨。边乱基本肃清，只有少数流寇散入广东地界。官军旗开得胜，本来是一件可以庆贺的事，可是，这几天王守仁却高兴不起来。他担心，官兵不能长期驻扎此地，一旦开拔，流寇可能再次侵扰，河头距县城200多里路，县城驻军很难及时赶到。王守仁坐在军营里想不出一个良策来，索性走出营房，只带一名护卫，沿着九峰溪畔小路，

九峰古镇

散起步来。这时，暮色苍茫，空荡荡的村路上只能见到他们两个模糊的身影。

王守仁走着走着，看见沿溪有一排十数间民房，家家关门闭户，黑灯瞎火的，只有一间屋里亮着灯，而且屋门还是虚掩着的，一扇灯光映射到村街上。王守仁心想，兵荒马乱之际，夜里还点灯，必定是读书人家，何不上门拜访，讨杯茶喝。他走到门前一看，门楣上的横批写着“武城衍派”四字，明白了这家主人的姓氏了。屋门虽然虚掩，王守仁还是轻轻敲了敲门，很快，屋里走出一个长着胡子的老者，估摸一下，主人的

清代焦秉贞绘《王阳明像》

年龄可能比自己大了几岁，年近花甲了。

王守仁抱拳行礼对冒昧登门拜访致歉。这个被称作曾乡老的见来客直呼其姓，不慌不忙，行礼说道："草民正是曾敦立，御史大人光临寒舍，未曾远迎，多有得罪。"王守仁对曾乡老一眼便认出自己表示疑惑。曾敦立回应道："闻名已久，尚未谋面。日间知道御史大人率官兵进驻敝乡，想到大人初到，军务繁忙，未敢前去拜见。适才在家中窗户，看见有两个官家模样的人在溪边漫步，如此良夜，除了御史大人，还有谁有此雅兴呢？就估摸是大人了。"王守仁笑了夸道曾乡老好眼力。

王阳明品茗议县（墨画）

两人走进客厅，按宾主位置坐定。曾敦立说："大人屈临寒舍，想必有民情相问，草民自当如实禀告。"王守仁便提问曾乡老大兵进驻河头，是否会扰民，曾乡老回应称王守仁的官军纪律严明，不会扰民。王守仁便道出了心中所惑："大兵驻扎河头，数日后即开拔，本官所虑的是，大兵一退，恐流寇复至，河头、芦溪、长富等地，虽属南靖县管辖，但距县治所有200多里路，军情一旦紧急，驻军到此，少说也有两天日程，鞭长莫及。本官思索长治久安之策，未有结果。曾乡老可有赐教否？"曾敦立一边听着，一边忙着冲水泡茶，斟了满满一杯茶，环顾左右的人，把话题扯到别的事情上了："敝乡无长物，唯有茶一端，尚可敬客。这杯茶，请御史大人喝了。"王守仁看了看茶杯，表示茶水太满，不方便品饮。曾敦立再拿出一只空杯，把一杯茶倒成两个半杯。王守仁是明代屈指可数的大思想家、大教育家，一经曾乡老指点，茅塞顿开，就不再议论此事。端起茶杯，呷了一口，夸赞这杯好茶滋味醇厚，还带有山间兰蕙香味，便问曾乡老这款茶的产地。曾乡老回应道“敝乡大峰山”。王守仁便说道：“茶出大峰山者良。他日贵县修志，这句话似可录入。”

王守仁在曾家喝了三杯茶，谈了一席话，便告辞而去。回到营房，连夜起草一篇给皇上奏疏，建议把南靖县一分为二，添设新县。奏疏中说：“乞添设县治，以控制贼巢；建立学校，以移风易俗。”王守仁所奏，很快获准。朝廷于正德十三年划南靖清宁、新安二里共十二图

位于九峰旧县城的平和城隍庙全景（平和县博物馆供图）

九峰城隍庙（平和县博物馆供图）

建立新县，县治所设在河头大洋陂。而河头大洋陂就属平河社，因此县名定为平和。建县后，河头大洋陂改名九峰。

曾敦立因倡议建县有功，深得府、县嘉许，特为他修建一座“百岁坊”。百岁坊正楼额枋上刻有“治建有功”四个大字，还是王守仁亲笔所题。

（二）云雾缭绕出名茶

平和县四面群山环绕，山脉绵延，河谷纵横交错，境内第一高

风景名胜区平和灵通山

平和县山峦叠嶂、云雾缭绕

峰海拔 1544.8 米的大芹山和海拔 1190 米的双尖山纵贯南北，把全县分为东南、西北两大部分。平和多山，森林覆盖率 70.68%，有海拔 1000 米以上的山 64 座，500 米至 1000 米的山 221 座。大芹山麓，丘陵、河谷、盆地错落，山峦起伏，林竹茂密，终年云雾缭绕，溪流潺潺，独具生产优质茶叶的自然生态环境。立夏过后，日光笼罩着大地，光影细碎，花香鸟语，林蛙嬉水，游人流连忘返……

平和富水，全县地处九龙江、韩江两大水系的上游，且境内溪涧纵横，主要河流有芦溪溪、九峰溪、安厚溪等，漳州六条主要河流有五条发源于此，素有“五江之源”之称（漳浦南溪及鹿溪、云霄漳江、诏安东溪、广东韩江）。

平和物产丰富，拥有琯溪蜜柚、坂仔香蕉、白芽奇兰茶、山格蔬菜、青枣五大绿色品牌，农业产业化走在全省前列，先后被命名为“中国琯溪蜜柚之乡”“中国坂仔香蕉之乡”“中国白芽奇兰茶之乡”。

4A 级旅游区三平全景

平和县属南亚热带季风气候区，年平均气温 17.5—21.2℃，无霜期 318 天；雨季长，雨量充沛，年平均降雨量 1600—2000 毫米。这些得天独厚的生态环境为孕育无公害、生态、有机的白芽奇兰茶创造了有利的条件。白芽奇兰种植区域在海拔 500 米以上的山地，常年云蒸霞蔚使整个茶区形成“晴时早晚遍地雾，阴雨成天满山云”的独特气候环境，正好满足了茶树生长发育对环境条件的要求；另外，因昼夜温差大、漫射光多、日照时间短、湿度大，芽叶持嫩性较强，有利于提高茶叶香气，有好的滋味和嫩度。因此，高山云雾出好茶的说法也为人们所接受。

茶，就在平和这片土地上充满生机地摇曳身影。在历史的脉络里，不时呈现平和茶叶的痕迹。唐宋时期，平和就出产茶叶。明代是漳州产茶的鼎盛时期，而且乌龙茶的制作技术，当时为福建之冠，所以《武夷茶歌》中有“近时制法重清漳，漳芽漳片标名异”之句。茶香在历史的字里行间弥漫，漳州属县也有贡茶的记载。明

平和县城花溪

正德、嘉靖年间平和出产的茶叶被漳州府列为朝廷贡品。明崇祯六年（1633）秋，著名地理学家、散文家、旅行家徐霞客从漳州南行往大峰山，与大儒黄道周相会时品评平和茶（白芽奇兰茶原始种），吟唱评价为“岩峰峻秀，泉清茗优，天然醇香，必传远世”。

明朝中后期，漳州月港继泉州港之后成为福建外贸大港，平和作为漳窑陶瓷的生产基地，瓷器源源不断出口到欧洲各国，并成了国际上赫赫有名的“克拉克瓷”。而在同一时期，漳州出口欧洲的茶叶也不在少数，当年漳州也是世界最大的茶叶集散地，平和、武夷山、汀州、安溪等地产的茶叶也通过漳州月港源源不断输入欧洲。

从 20 世纪 90 年代初开始，白芽奇兰茶荣获“中国驰名商标”称号，成为全国首个国家生态原产地产品保护认定的乌龙茶品种，

白芽奇兰茶很快从“藏在深闺人未识”，一跃名扬天下。如今，它已是漳州茶叶栽培面积最多的品种，是漳州茶的一号代表，与铁观音、武夷岩茶、闽北水仙、永春佛手一起跻身福建省乌龙茶类五大茶叶名品行列。

（三）白芽奇兰的出生

任何事物，如果愿意，总能不同程度地厘清前世今生，让我们在目光停留的时刻，有纵深感和层次感，白芽奇兰茶也是如此。正如婴儿出生，如果不是情况特殊，大多会有接生人员迎接新生命的诞生，白芽奇兰茶的接生人员，是平和县农业局茶叶指导站温天海和崎岭乡彭溪茶场何锦能、林广福等科技人员，他们从茶树地方群体品种中单株选育而成无性系新品种。

白芽奇兰母树

时光定格在1981年秋，平和县崎岭乡彭溪村民何锦能在其祖地彭溪坑岸边菜园，发现坑岸边的13株有性后代茶丛中，有一株老树与其他老树长势不同，树势强健（树高1.7—1.8米，树围2.5—3米），其新梢长得特别茂盛，新梢芽尖白毫明显，经小量试制品质良好。一种新茶的制成，正如一个婴儿的出生，需要一个名字。根据茶梢白毫显，叶张又似“竹叶奇兰”特征，制成茶品质内质清香浓郁，带有独特的“兰花”香味，特取名为“白芽奇兰”。大多数的人，选择群居，茶叶更是需要集团发展，不能就那么几棵独立站成风景。何锦能于1981年秋和1982年春两季留穗扦插育苗，两季共扦插2800多株，1982年共出圃2350多株，除自己种植1350多株外，其余分给同村的群众种植。1983—1985年，他又连续三年在该树上选穗单独育苗，每年出圃2000多株，大部分苗木卖给本村和外村群众种植。

白芽奇兰茶，吸引了众多关注的目光和积极的介入。1986年8月，平和县茶叶指导站派科技人员到原选地彭溪村考察“白芽奇兰”种源，组织老农座谈会，对其种源和品种特征、特性做较全面的调查；并对全县选后种植混杂的零星植株“白芽奇兰”做一次全面调查登记，分片分株分离编号，进行有组织、有计划选育。

从1986年至1988年，平和县茶叶指导站采用集体育苗与分专业户定点育苗相结合的方法，三年共选育苗木12.47亩，出圃苗木137.17万株，平均扦插成活率为96.8%，出圃率达85.5%。

1988年新选育的白芽奇兰育苗基地
（平和县农业局供图）

1986—1988年选育出圃的“白芽奇兰”苗在崎岭彭溪、溪头、时陂，九峰新山和霞寨建设、后塘等地进行较大面积试种观察。崎岭乡彭溪茶场(何锦能承包片)，对1987年12月种植的黄棪、毛蟹、白芽奇兰在相同条件下进行小区产量对比试验，结果是：1990—1993年，黄棪平均亩产茶青1212.2千克，毛蟹平均亩产茶青1291.1千克，白芽奇兰平均亩

新选育的白芽奇兰芽梢长势

产茶青 1257.2 千克。白芽奇兰平均亩产茶青比黄棪高 45 千克，比毛蟹略低 33.9 千克。由此可见，三个品种产量接近，都属高产良种。推广种植在崎岭、九峰、霞寨等乡镇 10 多个村的白芽奇兰，经过多年的生产试验，都表现适应性强、抗病能力强、抗寒能力强、产量高、品质优、经济效益显著，这与试验园的观察记载是相吻合的。

1989 年以后，白芽奇兰苗木繁育与推广种植逐年大面积推开，由各产区乡镇村群众以“自选、自育、自种、自销”为原则，县茶叶指导站派技术人员下乡蹲点，协助育苗单位和群众留穗、选穗，指导扦插育苗和协助向省内外调配部分苗木。县农业局、崎岭乡政府有关领导，在此期间对白芽奇兰的繁育与推广做了大量的宣传与发动工作。从 1986 年秋至 1995 年全县累计育苗 1560 多万株，其中在本县推广种植 5600 多亩，外省外县市引种 168.6 万株，约 500 亩。各地引种区试和种植示范单位，通过几年的引种观察与生产实践，都反映了白芽奇兰新品种在当地表现种植成活率高、生长健壮、适

白芽奇兰茶花

白芽奇兰茶籽

应性强、特别表现耐寒、抗病虫害，成园快、产量高、品质优、制优率高、干茶耐泡、香气高长、品种花香显露、滋味浓醇等优良品种特性。如福建省南平茶树良种场1992年12月25日引种区试白芽奇兰20亩，1994年3月经农业部组织专家小组验收成活率达90%以上，至1995年8月20日三个固定点调查，平均树高61.33厘米，树幅76.66厘米(2龄8个月定剪树)。1995年春打顶，夏、秋正式投产小采，亩产干茶(乌龙茶毛茶)163.71千克，较对照种水仙(亩产121.36千克)增产34.89%。

1989年开始，平和县农业局茶叶指导站和崎岭乡彭溪村又联合建立白芽奇兰高产优质栽培试验示范户，对彭溪村何锦能专业户1989年1月种植的0.72亩和何泽阳专业户1989年12月种植的1.36亩白芽奇兰茶园试验观察。至1994年，何锦能试验示范户的6龄高产园年产干毛茶高达379.17千克/亩，何泽阳试验示范户的5龄高产园年产干毛茶高达402.73千克/亩；1994年何锦能的白芽奇兰平均亩产值高达15166.8元(单价40元/千克)，1995年平均亩产405千克，创亩产值1.62万元的高产优质记录。这些高产优质高效典型经验，有力地推动了彭溪村乃至全县白芽奇兰生产的发展。

新选育的白芽奇兰，在研制名优乌龙茶上也取得了成果：1989年5月获“福建省名茶评比一等奖”，1989年、1991年、1992年、1993年均获“漳州市第一名”，1991年7月、1992年6月、1993年7月连续3次获“福建省优质茶奖”，1993年7月获“第二届中国专利新技术新产品博览会金奖”，1993年7月获农业部茶叶质检中心“青茶类优质产品”证书，1994年获首届闽台“天福杯”一等奖，1995—1998年连续4次获“福建名茶奖”，1997年获国家“绿色产品”证书，1997年又获意大利“国际轻工博览会金奖”……1995年7月农业部茶叶质检中心再次对白芽奇兰内质评定为：外形紧结，色泽油润，汤色黄亮，香气清香浓郁，滋味清爽，叶底明亮，红绿相映。总评：该茶做工和品质优良。

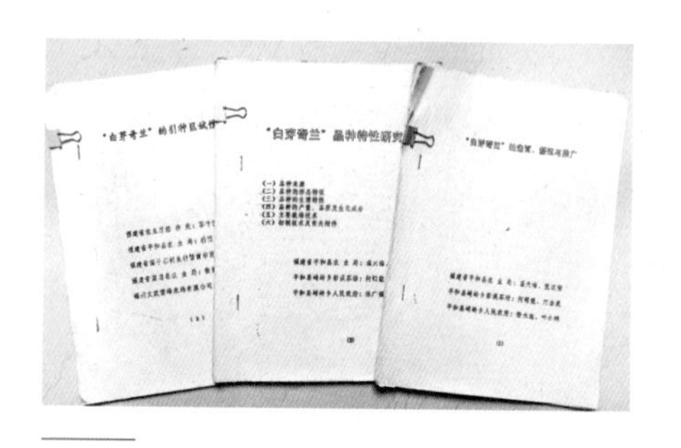

1995年新选育的白芽奇兰申报福建省茶树良种相关材料（平和县农业局供图）

1995年10月17—19日，福建省农作物品种审定委员会茶叶专业组对白芽奇兰选育进行现场验收鉴定，鉴定意见为：

为表彰在促进科学技术进步工作中做出重大贡献者，特颁发此证书，以资鼓励。

奖励日期：一九九八年十月二十九日

奖励等级：三 等 奖

证书编号：1998-3-002-2

获奖项目：白芽奇兰茶选育与推广

获 奖 者：何锦能、温天海、林广福、张汉荣、杨国民

福建省科学技术进步奖评审委员会办公室

一九九九年三月八日

“白芽奇兰茶选育与推广”获1998年福建省科技进步奖三等奖（平和县农业局供图）

（1）白芽奇兰茶系平和县崎岭乡彭溪村和县茶叶指导站1981年从茶树地方群体品种单株选育成的无性系品种。其嫩梢黄绿，芽头白毫显，成叶深绿为特征。

（2）提供的技术资料完整，分析合理，试验数据可靠。

（3）制乌龙茶品质优。内质清香浓郁，带有兰花香，滋味醇厚；多次获福建省名优茶称号，适应性广，抗逆性强，扦插成活率高达96.8%；尤宜高山栽培。当地生产齐苗率好，制优率高，亩产毛茶

白芽奇兰茶园

达200千克以上。目前全县种植面积达4600多亩。品质好，经济效益高，深受群众欢迎。

该项成果达国内先进水平。

（4）建议：可在乌龙茶区推广。对其他茶类适制性等方面可进一步研究。

白芽奇兰春茶采摘前

新选育的白芽奇兰，1996年4月2日被福建省农作物品种审定委员会审定通过为福建省茶树良种，其审定意见为：白芽奇兰系平和县崎岭乡彭溪村茶场和县茶叶指导站1981年从茶树地方品种奇兰群体中，单株选择育成的无性系品种，其嫩梢黄绿，芽头白毫显，成叶深绿，属中芽种偏迟。适应性广，抗病虫害，抗寒力强，扦插成活率高，齐苗率好，产量较高。所制乌龙茶品质优，制优率高，内质清香浓郁，带有兰花香，滋味醇厚。适于乌龙茶区种植推广，但幼龄茶苗耐旱性较弱，应注意水分管理。经省品种审定委员会二届八次会议审定通过。

阅读这些文字的时候，我们可以清晰地看到白芽奇兰茶发展的路径，它从一片片芽叶，一棵棵小苗，长成一棵棵茶树，一片片茶园，一个充满希望和香气的产业。我们有理由欢笑和欣慰。

（四）白芽奇兰的灵性

从来佳茗似佳人。苏东坡这句话，点出了茶叶的风情万种。茶叶在开水冲泡之下曼妙的舞蹈，这些文人的描述，可以让我们感受到茶的灵性，它不仅仅是一枚神奇的树叶，而是充盈着生命芬芳。白芽奇兰是福建省选育成功的又一株乌龙茶珍稀品种，它以优良的品质和独特的风韵而备受赞赏，曾数次参加全国和福建省名茶评比均名列前茅。

1. 形态特征

目光所及，我们首先关注的是形态。白芽奇兰属于从有性群体

新选育繁育种植的
白芽奇兰春梢长势
（林文彬摄）

中单株选育的无性系品种，灌木型，中叶种，树势中等，树冠半开张，枝条尚粗壮较直立，分枝稠密，着生部位较低。5 龄投产茶树距地面 5—8 厘米，平均一级分枝 11 枝，分枝直径 1 厘米；二级分枝距地面 9—15 厘米，平均分枝 27 枝；树高 55—100 厘米，树幅 1.25—1.35 米，绿叶层 33—45 厘米（正常修剪、采摘的投产茶园）。叶长椭圆形，叶尖略钝，渐尖稍下垂，叶片略内折，呈上斜 35° —45° 角着生为多，叶长 8.2—11.5 厘米，叶宽 2.8—3.3 厘米，长宽比为 2.93—3.48，属中叶型；新梢浅绿，老叶转为深绿油亮，新老叶色泽十分分明，是其特色（有别于“白奇兰”的部分老叶边缘呈现黄白色状）；叶缘略波状，叶肉略隆起；叶片锯齿较深，大小较一致，28—33 对；主脉明显，侧脉尚隐，8—9 对。花冠中等大小，花萼 5 片，花瓣 6—8 瓣，花丝 196—263 枚，结实率低。

2. 生物学特性

也许专业的表述略显枯燥，但我们不能因此就跳过，既然想探究，许多时候我们必须深入事物的内部，更能够了解全部，理解风景。白芽奇兰茶的越冬芽萌发于 3 月下旬初，4 月下旬末至 5 月上旬初可采制乌龙茶，在同一地区内较毛蟹迟采 8—10 天，较梅占迟采 5—7 天，与水仙品种略同。在平和县年芽梢抽长 4 轮左右，有效生长期 215—230 天，比水仙品种长 15—20 天，比黄棪短 15—30 天，与毛蟹、梅占、竹叶奇兰等品种相当。

白芽奇兰育芽能力强，5 龄茶树春茶平均采芽梢 1332 个 / 米 ^{2}，新梢萌发整齐，抽长快，持嫩性强，节间较长，芽梢较长，浅绿略白，芽尖毫密是其主要特征。春梢一芽三叶长 10.6—16.2 厘米，平均梢重 1.39 克，节间长 3.15—4.83 厘米，混合芽梢重 0.69 克。

白芽奇兰适应性广，抗病虫害、抗寒力强，扦插成活率高，齐苗率好，产量较高，特别适宜高海拔的高山乌龙茶区种植。据平和县崎岭乡大芹茶场海拔 1020 米的高寒地区种植试验，1991 年冬季

平和县崎岭乡白芽奇兰纯种园保护区（平和县农业局供图）

下雪气温降至 -7℃，该品种仍未受冻，而邻近的黄棪、水仙、梅占等品种均受不同程度的冻害。又据福建闽侯雪峰顶农场 1994 年 2 月 20 日引种在海拔 1000 多米高山茶区试验反映，1994 年冬季该地连续下雪数天，零下低温时间较长，定植未满周年的白芽奇兰丝毫未受冻害，而同是由平和县引种的八仙茶、黄棪、凤凰单丛等品种均受冻害，唯独白芽奇兰成活率最高，适应性、抗寒性强。

3. 品质及生化成分

白芽奇兰经多年试制试验，制乌龙茶品质特优，制优率高。1993 年笔者等人研制的白芽奇兰春茶送农业部茶叶质检中心鉴评，报告结果是：外形紧实匀称，深绿油润，汤色橙黄，香气清高，滋味清爽细腻，叶底红绿相映。总评：白芽奇兰茶品质优良，属青茶类中的优质产品。1995 年 5 月平和县茶叶指导站在彭溪村试制的白芽奇兰送样委托农业部茶叶质检中心进行内含物测定，结果是：白芽奇兰茶多酚含量 15.7%，咖啡碱 2.8%，儿茶素总量 11.78%，氨

2002 年国家质检总局专家组莅临平和考核白芽奇兰原产地认证

基酸含量0.8%。以上检测分析，白芽奇兰的茶多酚含量明显高于安溪铁观音1.05—3.38个百分点，高于安溪色种2.39—3.23个百分点，高于乌龙2.54—2.91个百分点；咖啡碱含量也高于铁观音、色种、乌龙。从内含物含量看，白芽奇兰可与铁观音相媲美。

任何的美，都不是简单的平面滑行，白芽奇兰茶也是如此。通过这些文字，我们可以更加立体地了解白芽奇兰茶，了解它芳香和曼妙身影的种种，许多细节的叠加，使我们能够更加近距离地走近它，最终走进茶的世界。端起一杯白芽奇兰茶，我们想到的是严谨，是细节，我们看到的也就不仅仅是一种茶叶，而是这枚神奇树叶的各个部分，各个细部的真实。

（五）生态栽培提品质

近年来，平和县通过提倡高海拔种植、适度稀植减少病虫害，杜绝使用高毒高残留农药，推广生物防治、物理防治，建立无公害生产示范基地。平和白芽奇兰茶每年的抽检茶样经检测，所有指标全部符合无公害茶叶要求。

1. 有机肥替代化肥行动

一是“有机肥＋配方肥”模式。推广配方施肥，增施有机肥，减少化肥用量。

茶园水肥一体化喷灌设施（林文彬摄）

二是“茶—沼—畜”模式。在茶叶集中产区，依托种植大户和专业合作社，与规模养殖相配套，建立大型沼气设施，将沼渣沼液施于茶园。

三是“有机肥＋水肥一体化”模式。在增施有机肥的同时，推广水肥一体化技术，提高水肥利用效率。

四是“有机肥＋机械深施”模式。在水肥流失较严重茶园，推进农机农艺结合，因地制宜推广有机肥机械深施等技术，提高肥料利用效率。

2. 生态茶园建设

新垦茶园和旧茶园的生态建设要因地制宜做好“园、林、水、路”的全面规划。新垦茶园注重茶园地块布局和建设面积、原有树木植

高峰生态茶园（林文彬摄）

被（含非恶性杂草和绿肥作物）的保留和种植、排水和蓄水灌溉设施、茶园道路网等建设的合理规划；旧茶园注重人工种树、留草，排水和蓄水灌溉工程、茶园道路网等的建设与完善。

生态茶园建设做到“山顶戴帽，山腰结带，山脚穿鞋”。一是在茶园顶部、周围种植乔木防护林，林间栽种灌木树种；二是在茶园干道、支道旁种植行道树，行道树之间种植灌木型植物、草本植物或禾本科匍匐性植物进行绿化，增加生物多样性；三是在

茶园与防护林

茶园环园道建设

等高梯层茶园（九龙江阳明公司供图）

茶园空闲处种植乔木型或小乔木型绿化树；四是茶园梯壁种草留草，或套种平托花生、百喜草、圆叶决明、爬地兰等绿肥。

（六）茶旅结合展新姿

21 世纪以来，平和县紧紧依托茶产业资源，挖掘“白芽奇兰”品牌效应，大力发展集“生产、加工、休闲、观光、旅游”为一体的茶产业，先后推出“大芹名峰山有机茶观光游”“大芹山云端筑梦生态游”“福建天醇茶叶庄园生态游”和“九龙江高峰谷生态茶园观光旅游”等项目。

1. 大芹名峰山有机茶观光游

“大芹名峰山有机茶观光游”项目位于平和县大芹山脉九峰镇境内，芹峰兰香，云雾缭绕。

大芹山主峰海拔 1544.8 米，这里有发展茶叶种植得天独厚的自然条件。2003 年开始，在此开发了 4000 亩的有机茶基地，按照标准化主要生产白芽奇兰茶。这里产出的茶叶与其他地方相比，芽叶幼嫩、肥厚，制作出来的乌龙茶品质优异，口感更佳，特别是延续、发展了百年前的传统工艺——独特的炭焙技术，使茶叶的香气纯正，滋味甘醇润滑。

大芹山茶园

大芹山茶园与茶叶生产、生态旅游基地

同时，在基地附近建成五星级酒店一座，并进行各项绿化建设和生态林建设，人们在这里不仅可以欣赏茶园风光，享受品茗乐趣，还可以观赏到各种名贵树种。除此之外，山顶上奇石怪异，群山巍峨，既是一个避暑胜地，又是登山爱好者的好去处。该基地已成为一个集有机茶生产、科普教育、生态旅游、休闲度假为一体的现代化观光农业园区。

2. 大芹山云端筑梦生态游

“大芹山云端筑梦生态游”项目位于平和县大芹山脉大溪镇境内，“大芹云顶”“云端筑梦”，一听到这名字，就让人有无限遐想的空间，甚至有飘然若仙的感觉，马上就想去一探究竟。“云端筑梦”规划在大芹山，属于大溪镇辖区，由台商于 2007 年投资创办，拥有优质茶叶基地 2000 多亩，主要品种有白芽奇兰、台湾乌龙、大

标准化生产车间（引自《打造大陆的“阿里山”》）

红袍等。项目总占地面积3000亩，是福建省在建重点项目、漳州市旅游设施和景区提升六大工程之一，引进和借鉴台湾的休闲、酒店经营管理经验，将生态农业与乡村旅游有机地结合在一起，主打特色生态农业游，致力于将其打造成集茶叶生产、科普教育、生态观光、文化体验等于一体的福建现代农业示范区、福建生态旅游示范区、国家级风景名胜区，计划打造一个平和版的“阿里山”。这是目前平和县最高端的乡村游项目之一。

3. 福建天醇茶叶庄园生态游

"福建天醇茶叶庄园生态游"项目位于平和县大芹山脉九峰镇三坑村，是1996年创办的集白芽奇兰茶种植、加工、销售、茶艺研发和茶文化传播于一体的综合性茶叶基地，在平和高海拔山区拥有3000亩生态茶园作为生产、研发基地，并在平和配套标准的加工、配送中心。

奇兰雅韵，天然醇香。走进柚都平和，走进中国白芽奇兰茶之乡平和县，通过大道、穿过小巷、走过河畔，时不时会发现空气中弥漫着一股茶香，这是由于县城里遍布着几百家大大小小的茶叶专营店，家家户户不管是闲暇还是座谈时都会泡上白芽奇兰茶。许多爱茶者会循着茶香找到天醇白芽奇兰体验店。在这里不仅可以品鉴白芽奇兰的奇香兰韵，还能领略平和的茶文化历史典故！

天醇白芽奇兰茶生产基地（天醇茶业公司供图）

①晒青

②摇青

③晾青

④炒青

⑤揉捻

白芽奇兰传统制茶工艺（天醇茶业公司供图）

⑥包揉

⑦松包

⑧烘焙

⑨筛末

白芽奇兰传统制茶工艺（天醇茶业公司供图）

4. 九龙江高峰谷生态茶园观光旅游

“九龙江高峰谷生态茶园观光旅游”项目位于平和县霞寨镇高峰山，九龙幽谷，休闲天堂。走进霞寨镇官峰村的高峰谷生态茶园，1000 多亩梯田茶海绵延叠翠，气势磅礴。沿途有游客服务中心、茶海大道、茶文创园、云端酒店、卧龙山房、玻璃景观桥、天泉道、全球最大的蚂蚁雕塑等景点，让

高峰谷蚂蚁雕塑

高峰谷“集装箱”云端酒店

高峰谷茶园

人流连忘返。“山区变景区”，高峰生态谷探索三产融合新途径，正给平和带来前所未有的产业变革。

穿梭山野之间，感悟不远处山林的禅意；登上高峰山，凝听云深处悬崖半壁上的风声；行走天泉道，踏足寻访大师智慧的源泉；品尝甘冽的白芽奇兰，陶醉高峰山下云里雾里的茶香山水；领略飞檐翘角、金碧辉煌的榜眼府第，体验古韵霞寨婀娜的风土人情；看历史风尘里的官峰驿站，穿梭于回旋的时光里品味历史的沧桑。这便是“高峰生态游”的一番体验。

高峰生态谷的开发建设，已成为平和县大力发展特色休闲农业，推动农业可持续发展，促进农业增效、农民增收和农村繁荣稳定的重要举措。“高峰谷千亩茶园”2017年荣获“全国三十座最美茶园”称号。

二

奇兰幽香，神工茶匠

搖青
品茶

白芽奇兰一般可采春、夏、暑、秋四季，个别茶区可采到五季（春、夏、暑、秋、冬）。各茶季在茶树新梢长到驻芽二至三叶（最多不宜超过四叶）的成熟度即达到开采的采摘标准。各茶季采摘标准略有不同，其中，春茶以顶叶开展 60%—70%，夏、暑茶以顶叶开展 40%—50%，秋、冬茶以顶叶开展 50%—60% 为适合开采的采摘标准。采摘的芽叶标准为：驻芽两叶至四叶嫩梢及幼嫩对夹叶；夏、暑茶梢生长快，可适当带芽嫩摘，采一芽二至四叶。

采摘白芽奇兰鲜叶

白芽奇兰机械采摘（引自《白芽奇兰栽培技术》）

（一）初制工艺

白芽奇兰茶的采制十分考究，工艺精湛。从白芽奇兰茶树上采下的鲜叶，经过“晾青—萎凋—做青—杀青—揉捻—初烘—初包揉—复烘—复包揉—足干”等10道工序，形成毛茶。

1. 晾青

把进厂的茶青按不同级别、批次均匀摊在水筛上，并将水筛放置在晾青架上。摊放鲜叶厚度应小于15厘米，并使鲜叶保持疏松。每间隔1—2小时翻动一次。摊凉要及时，青房最好选择南北向，室温控制在25℃以下；早青、午青要分开摊凉；晾青结束后，茶青减重率为1%—2%。

茶青在晾青架晾青（林文彬摄）

2. 萎凋

晾青结束后，茶青根据天气情况进行以下不同方式的萎凋。其中，利用日晒进行萎凋（又称为“晒青”）最为常用。

（1）日光萎凋（晒青）

时间：应避免强阳光暴晒，视萎凋程度，历时20—40分钟。

温度：叶面温度控制在35℃以下。

摊叶量：每平方米摊叶0.5—1千克。

操作：把茶青均匀薄摊在竹席、水筛或铺“谷达”的水泥地面，及时轻手翻动。

茶青进行日光萎凋（林文彬摄）

（2）室外自然萎凋

温度：气温22—30℃。

摊叶量：每平方米摊叶7—8千克。

操作：把茶青均匀薄摊在竹席、水筛或铺“谷达”的水泥地面，30分钟翻动一次。

（3）室内自然萎凋

温度：室温22—28℃。

摊叶量：每平方米摊叶1—1.5千克。

操作：把茶青均匀薄摊在竹席、水筛或铺“谷达”的水泥地面，40—60分钟翻动一次。

（4）加温萎凋

温度：视送风量大小，热风温度控制在32—40℃。

摊叶量：建热风萎凋槽，槽面安竹筛，萎凋槽每平方米摊叶7—8千克。

操作：把茶青均匀摊在萎凋槽内，每10—20分钟翻动一次。

茶青经过萎凋，当叶转暗绿色，叶面光泽消失，微带青香，顶二叶下垂，稍有弹性，茶青失水均匀，减重率9%—12%时为萎凋适度。这时要把萎凋后的茶青移入室内，翻动后均匀摊放，散热晾青，防止风吹、日光照射，晾青时间0.5—1.5小时。

3. 做青（摇青）

白芽奇兰属灌木型，中叶种，叶片较肥厚。制作工艺一般采用“中晒、重摇、中发酵、中焙火”技术。做青的目的是叶子在机械力作用下，叶缘与机械、叶缘与叶缘相互摩擦而产生叶片细胞破坏，使茶汁外溢，促进多酚类化合物的酶促氧化，叶片水分继续缓慢蒸发，青气散失，兰花香气形成。

做青（黄俊松供图）

（1）操作方法

茶青投入摇青机转动，每次摇青后都要进行晾青，摇青、晾青反复进行三至四次。每次摇青先轻后重，晾青时间先短后长，晾青摊叶量先薄后厚。最后一次摇青完成后将茶青稍加厚摊、静置，至“发酵”适度即可转入下个工序。做青整个工序历时10—18小时。

做青一般在傍晚开始进行。一般来说，第一次摇青时长为2—4分钟，晾青时长1—1.5小时；第二次摇青时长为4—8分钟，晾青时长为2.5—3小时；第三次摇青时长为10—20分钟，晾青时长4—5小时；第四次摇青时长为10—20分钟，晾青时长4—5小时。制高档的白芽奇兰茶，有的还需进行第五次摇青，摇青时长8—10分钟，摇青后凹堆晾青发酵1—2小时。具体操作要视茶青、季节、当天气候等多种因素，凭经验灵活掌握。

（2）技术要求

做青完成后，茶青减重率为萎凋叶总重的8%—15%。感官要求：叶转黄绿色，叶缘红变（红变面积约占叶片面积20%），叶脉明亮，均匀适度，透发青香和品种香味。

（3）注意事项

青房温度18—23℃，相对湿度70%—80%。制春茶时低温多雾须关闭门窗，可配备抽湿机降低湿度；制夏暑茶时气温高可配备空调机，温度控制在18—20℃；制秋冬茶时气温低，应设法提高室温。

第四次摇青后，若逢气温低于18℃，可于杀青前期1小时左右把茶青倒入大筐内，堆成“凹”形，上盖茶袋，以提高叶温，促进发酵。但这种处理，时间不宜太久。

夜间观察茶青色泽、叶绿红边程度，红点要掌握比白天明些，各次观察应眼看、手摸、鼻闻三结合综合判断，以提高准确性。

做青应根据次日杀青先后顺序，分批掌握摇至不同程度，一到程度即投入杀青。这样便于流水作业，平衡生产，提高厂房机器设备利用率。

白芽奇兰做青（摇青）适度时，叶面凸出，成反汤匙形，叶色黄绿，失去光泽，叶身柔软，叶缘银朱色，叶表呈现红色斑点，即俗称“绿叶红镶边，三红七绿，朱砂红明显”，青草气退，兰花清香显露。叶片细胞破坏率在18%—20%，整个新梢芽叶保持良好率在90%—95%。

4. 杀青（炒青）

做青结束后，即转入杀青工序（又叫“炒青”）。目前茶区多采用110型滚筒杀青机和110型液化气杀青机。

（1）操作方法

当滚筒杀青机的筒壁温度达到200—240℃，或液化气杀青机温度达到220—250℃时，即可将茶青投入进行杀青。每筒的投叶量为10—20千克，杀青过程中要注意掌握温度，要求“适当高温，先高后低”，每筒的杀青历时10—15分钟，具体根据茶青原料的老嫩程度灵活掌握，幼嫩茶青要稍“重杀”，粗老茶青要稍“轻杀”。

杀青（引自《白芽奇兰栽培技术》）

（2）技术要求

杀青完成后，茶青减重率为做青叶重的18%—22%，含水率小于60%。感官要求：叶转暗绿色，叶质柔软，梗折弯不断，带有熟香味。

（3）注意事项

要适当高温，以投入青叶后连续发出“噼啪”声为准，如果声音大而密，是锅温太高，反之锅温偏低。杀青后期适当降低锅温，以避免产生焦梗焦叶。

投叶量要适宜。投叶太多，翻炒不匀，茶叶带闷味，杀青历时长；

投叶太少，既易炒焦，又不利揉捻成形。

5. 揉捻

揉捻是促使白芽奇兰茶形成紧结弯曲外形的塑形工序。一般采用揉桶直径为30—40厘米的揉捻机。杀青叶趁热装入揉桶，30型的揉捻机投叶量为1.75—2.5千克，边揉边加压。要掌握“趁热、少量、快速、短时”的原则，加压时先中压后重压，揉时不宜过长，一般时长为4—8分钟。揉捻完成后，杀青叶扭曲成条，即可下机解块，进行初烘。

揉捻（引自《白芽奇兰栽培技术》）

6. 初烘

初烘即将揉捻叶进行第一次烘焙。初烘采用烘干机烘焙或手工焙笼烘焙。

（1）操作方法

烘焙时掌握“高温、薄摊、快速，适当保持水分”的原则。采用烘干机烘焙，温度控制在100—110℃，

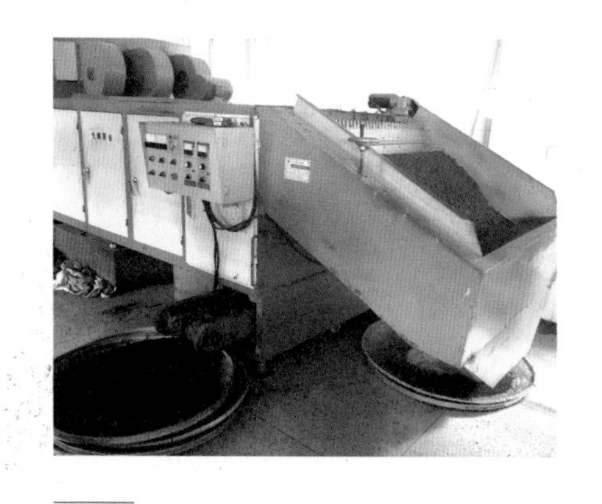

烘干（黄俊松供图）

摊叶厚 1.5 厘米；手工焙笼烘焙，温度控制在 100—110℃，摊叶厚 2—3 厘米，焙笼烘焙过程中需进行两到三次的翻拌。初烘历时 10—15 分钟。

（2）技术要求

初烘结束时，减重率为揉捻叶重量的 25%—30%，此时含水率 45%—50%。感官要求：叶色转暗绿，干湿一致，手摸不粘手且有湿润感。

7. 初包揉

初包揉是塑造外形的重要手段，可用手工包揉或机械包揉，目前多采用机械包揉。

（1）机械包揉操作方法

用特种尼绒布（规格 1 米 ×1 米），投叶量 5—7 千克，置于包揉机（又叫速包机）上包揉打包约 10 秒钟，使其成“南瓜状”的茶包，然后将 1—3 个茶包置于平板机上平揉 3—5 分钟，将茶包从平板机上取下，用松包机或用手工将茶包内的茶叶翻转，再次进行机械包揉、平揉，如此反复 5—8 遍。

（2）技术要求

采用包揉机速包后经平板机包揉挤压成形，速包、平板反复 5—8 遍，使茶条紧结或弯曲成形。包揉结束后，茶团要及时解块散热进行下一道工序——复烘。

制茶师傅用松包机对茶包进行解块

8. 复烘

经过初包揉后，茶坯叶温下降，不利于塑形，需进行复烘提高叶温。可采用烘干机复焙或手工焙笼复焙。

（1）操作方法

复烘时要掌握“快速、适温、适当保持水分”的原则。采用烘干机烘焙，温度控制在90—100℃，摊叶厚1—2厘米；手工焙笼烘焙，温度控制在约70℃，投叶量0.7—1千克。复烘历时10—15分钟。

（2）技术要求

复烘结束时，茶坯失水率为10%—12%，此时含水率为30%左右。感官要求：手摸茶条微感刺手为适度。

9. 复包揉

（1）操作方法

茶坯经复烘后，要趁热进行复包揉。其操作方法与初包揉相同，但投叶量可比初包揉稍多。包揉用力要先轻后重，前几次速包后，不经过平板机直接进行松包、复揉，以避免出现条形扁、碎末多的现象。后几次进行速包、平板机平揉、松包，反复进行5—8遍。

包揉（黄俊松供图）

复包揉结束后，将茶包布巾捆紧，静置定型。茶包搁置定型时间要恰当，太早解松茶巾不利于定型，反之，条形虽好，但色泽红褐，有闷味。一般静置定型20—30分钟为宜。

包揉后的茶包静置定型

（2）技术要求

经复包揉后，茶叶外形条索紧结、重实、卷曲呈“蜻蜓头”或稍圆形，色泽油润。

10. 足干

将定型后的茶包及时解开进行烘干，可用烘干机烘干或手工焙笼烘干。

手工焙笼烘干（黄俊松供图）

（1）操作方法

采用烘干机的，茶团要充分解开，摊叶厚度15厘米左右，温度控制在90—100℃。

采用手工焙笼的，要分两次进行。第一次每笼放入1.5—2千克茶团，温度控制在60℃左右，烘焙至茶团松开，手工将茶团解成散状，继续烘焙至茶叶气味清纯（此时含水量约15%）时，下烘摊凉

1 小时左右后进行第二次烘焙。第二次烘焙每笼投叶量 2 千克左右，温度控制在 50—60℃，其间翻拌两到三次，历时 0.5—1 小时。注意翻拌时要将焙笼移离焙屉，以防茶末掉入焙屉内产生烟气。

（2）技术要求

足干后茶叶水分含量为 4%—6%。感官要求：色泽砂绿乌润，香气纯正清香，无异味，手握之有刺手感，捏之即成粉末，折梗即断。

茶叶足干后，摊凉 40—60 分钟，即可收起装入茶袋、茶箱中收藏。至此，白芽奇兰茶初制完成，其产品称为“毛茶”。

（二）精制工艺

白芽奇兰茶的精制加工工序主要有：拼配、筛分、风选、拣剔、复火、摊凉、包装及装箱。

1. 拼配

根据拟生产的白芽奇兰成品茶的要求，制订不同产地、不同季别、不同等级的毛茶配料比例的正式方案。拼配应遵循执行标准、稳定质量、兼顾全局、统筹安排、充分利用、提高效益的原则。白芽奇兰的拼配可采用“单级或多级拼配付制，单级成品回收”的方法。拼配应包括制订方案、配制小样、检验验证、成本预算、审核批准等程序。

2. 筛分

根据拼配后付制的白芽奇兰毛茶级别，配置筛网方案，采用滚筒圆筛机或平面圆筛机进行筛分，筛分出的茶叶进行归口处理。

滚筒圆筛机

3. 风选

将筛分后的各号白芽奇兰茶叶分别经风选处理，分出重质沙头、轻质草毛等，正茶进入拣梗机进行拣剔。沙头茶剔除出杂物后归正茶，轻质茶剔除出杂物、草毛后，归作下脚茶。

风选（黄俊松供图）

4. 拣剔

白芽奇兰采用拣梗机进行拣剔，经机械取梗后梗口含茶叶超过 10% 的，必须再次拣梗。通过拣梗机拣梗后，还需结合手工拣剔，拣去粗片、红条、焦条、扁条、茶片、残留

手工拣剔（引自《白芽奇兰加工技术》）

茶梗及其他细小杂物。制作白芽奇兰评选茶样，原则上一律采用手工拣剔去杂。

5. 复火

白芽奇兰正茶按比例进行拼配和匀堆，要求粗细均匀。复火可采用烘干机或手工焙笼。

（1）烘干机复火

投放茶叶应均匀，茶叶摊厚 2—3 厘米，摊层厚薄应一致。火候要求稳定均匀，按成品茶标准样要求，掌握适宜温度和时间，严防老火焦条。原则上高级茶低温烘焙，低级茶高温烘焙。一般而言，高档白芽奇兰茶温度为 100—130℃，中档白芽奇兰茶 110—130℃，低档白芽奇兰茶 110—140℃。复火时间 8—10 小时。

（2）手工焙笼复火

白芽奇兰手工复火燃料一般采用木炭，因此又称“炭焙”。炭焙白芽奇兰成品茶香气浓郁且略带炭火香，滋味鲜爽醇厚。其主要操作方法如下：

手工焙笼复火（引自《白芽奇兰加工技术》）

①前期准备

将草木灰置于焙屉中，占焙屉的 3/4，将铁芒萁或松枝等引火物放于草木灰之上，再将木炭以三脚架形式置于引火物的上方。应注意木炭放的量与要复火的茶叶重量的比例，约为 2 ∶ 5。木炭放好后可点燃引火物，让木炭燃烧，待木炭完全燃烧后（约 2 小时），将木炭打碎压实成馒头形，在木炭上方盖草木灰，草木灰应将炭火完全覆盖，形成“暗火”。约 1 小时后，草木灰完全不含杂质，没有异味，焙屉中炭火温度趋于平稳，即可放上焙笼，用手感觉焙笼内壁下层的温度在 90℃左右时（用手触摸焙笼内胆的外框，略有烫手感），可开始焙茶。

②焙茶方法

取茶叶 3—3.5 千克，均匀置于焙笼的内胆上；轻轻将焙笼拿起，轻轻放于焙屉之上；烘焙 1—1.5 小时后，待茶叶异味去除，略闻有火香时，将焙笼轻轻拿起，移离焙屉，对茶叶进行翻拌，翻拌要及时、均匀、彻底，翻拌后产生的茶末要去除；再将焙笼放到焙屉上继续烘焙，高档白芽奇兰焙茶总历时一般掌握 8—9 小时，中间要翻拌 12—14 次（35—40 分钟翻拌一次）。

③注意事项

一要经常去闻焙笼中茶叶的香味，不能产生焦味或烟味，若有，则应将焙笼移走，待异味消除后再上笼复火。二要经常用手去感觉炭火的温度，用手触摸焙笼内胆的外框，以略有烫手感为宜，过烫，则应加盖草木灰；不烫，则应将焙屉中的草木灰去除一些，整个焙茶过程中温度要保持一致。

6. 摊凉

白芽奇兰精制茶经烘焙后应及时摊凉，掌握适宜摊凉厚度和时间。摊凉时间凭经验把握，一般以 24 小时左右为宜。

7. 包装和装箱

白芽奇兰精制茶经摊凉后，成品茶按国家包装标准要求对产品进行过磅及精致包装，按包装形式不同分为罐装、纸盒装、复合包装、真空包装等。对于大批量产品销售需求，可用散装或箱装，并注意密封。

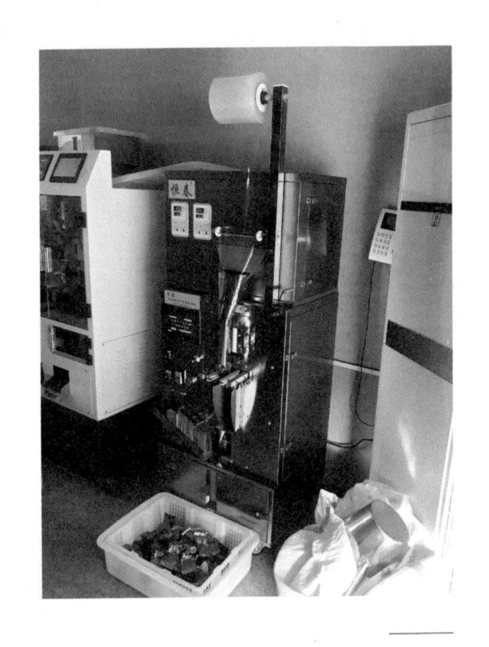

小包装（黄俊松供图）

不同级别的白芽奇兰成品茶需分开进行包装和装箱。

（三）技艺传承人

自清代安溪县闽南乌龙茶制法传入平和以来，平和茶农经过了

200多年的探索，根据白芽奇兰茶的特点研究出了一套略同于又有别于安溪茶的制作工艺。传统制茶技艺有家族式和相邻之间传承两种途径。清代著名的制茶师傅有何京保、陈元和，清末民初有何国忠、曾昭熟，近代有何根木、何火赞、何德桂、何乾兑等人，均为平和县崎岭乡彭溪村人。

1964年职工在记录茶叶生长情况

1964年职工在试验园中采茶

目前，已获得漳州市非物质文化遗产项目“平和白芽奇兰制作工艺（传统技艺）代表性传承人”有两人，分别是何锦能、曾天用。

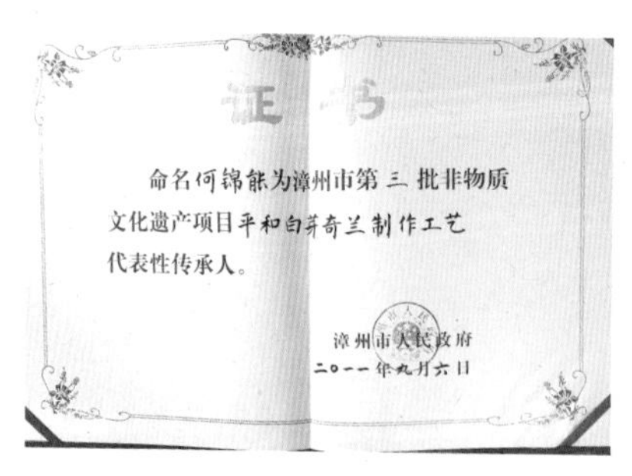

证书

命名何锦能为漳州市第三批非物质文化遗产项目平和白芽奇兰制作工艺代表性传承人。

漳州市人民政府
二〇一一年九月六日

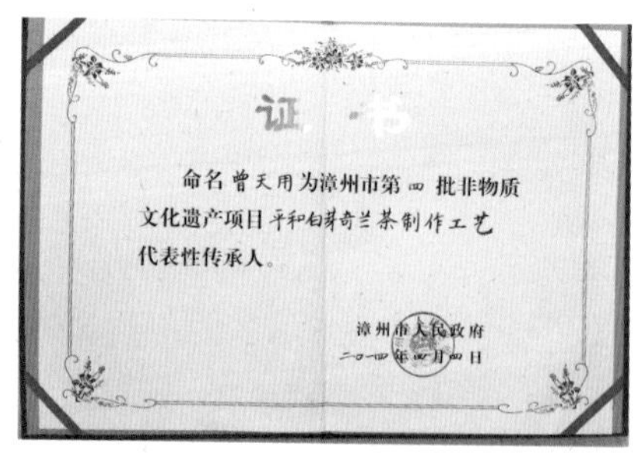

证书

命名曾天用为漳州市第四批非物质文化遗产项目平和白芽奇兰茶制作工艺代表性传承人。

漳州市人民政府
二〇一四年四月四日

漳州市平和白芽奇兰制作工艺非遗传承人证书

1. 何锦能

何锦能

何锦能为漳州市第三批非物质文化遗产项目“平和白芽奇兰制作工艺（传统技艺）代表性传承人”。1974年师承何乾兑，1981年与平和县茶叶指导站温天海等人在奇兰茶群体品种中成功选育“白芽奇兰茶”。1995年任平和县白芽奇兰茶研究协会会长。1999年获福建省科学技术进步奖三等奖。在何锦能的努力下，其制作的白芽奇兰茶在各级的茶叶评鉴比赛中屡获殊荣。何锦能多次参加平和白芽奇兰茶王赛评审工作，熟谙一整套白芽奇兰茶传统制作工艺，在长期的实践中，他根据白芽奇兰茶传统制茶工艺又结合现代科学技术知识，使白芽奇兰茶制作工艺日臻完善，并提升到理论高度。其参与编撰的文章《白芽奇兰》《白芽奇兰选育初报》分别发表在《中国茶叶》和《福建茶叶》，论文《乌龙茶优良品种——白芽奇兰》《白芽奇兰绿色食品开发初报》分别发表在《茶叶科学技术》和《福建茶叶》；1999年出版专著《白芽奇兰茶栽培与初制技术》，无偿分发给茶农阅读。

2. 曾天用

曾天用为漳州市第四批非物质文化遗产项目“平和白芽奇兰制作工艺（传统技艺）代表性传承人”。

1996年，曾天用先后师承当地著名制茶师傅何根木、石庚午，掌握和熟谙传统的白芽奇兰茶制作技艺，并使白芽奇兰茶制作技艺日臻完善，在继承传统和制作技艺发扬光大上有承前启后的重要作用。曾天用善于灵活把握制茶关键工序，使白芽奇兰茶品质稳定并进一步提升。公司产品多次荣获“福建省优质茶奖”及“福建省名牌产品”等荣誉，公司基地曾获“国家级白芽奇兰茶生产标准化示范区”。

曾天用

三

茶柚结缘，伟人传情

（一）茶香柚甜，心归平和

白芽奇兰茶盛产于平和县大芹山麓的崎岭、九峰一带，这里山峦起伏，山高雾多，溪流潺潺，土壤肥沃，林竹茂密，所产的白芽奇兰茶，内质香气清高爽悦，品种香突出，兰香幽长，滋味醇爽，汤色橙黄明亮，叶底软亮。同时，产于大芹山、彭溪岩壑之处的白芽奇兰，兰香深幽，滋味甘醇耐泡，具有特殊的山骨风韵。白芽奇兰深受消费者青睐，已成为漳州市乃至福建省的时尚礼品，产品畅销闽、粤等省和港、澳、台地区，远销日本及东南亚。

平和白芽奇兰茶被确认为中国驰名商标，是漳州茶的一号代表，2017 年种植面积达 12 万亩，产量 1 万多吨，涉茶产值超 20 亿元。平和是"中国茶叶（白芽奇兰茶）之乡""全国重点产茶县""中国十大最美茶乡"等，白芽奇兰茶荣获国际茶博会金奖等近百项奖项，品牌评估价值达到 24.86 亿元，位居全国第 13 位。白芽奇兰茶香飘四海，名扬中外。

琯溪蜜柚和白芽奇兰一样都是在平和这块土地上孕育生长，是平和人民的两棵"富裕树"。琯溪蜜柚在明朝时叫平和抛，清代学者施鸿葆《闽杂记》一书说："品闽中诸果，荔枝为美人，福橘为名士，若平和抛则侠客也。"颇给人浩然正气的感觉，只是这侠客也有落寞的时候，如果不是那场大雨之后侯山第八世祖西圃公的偶然发现，也许这谓之侠客的名果就消失在历史的深处，宛如行走江湖的侠客哪天从江湖消失，不知道其踪迹，只留下满纸的向往和那一声叹息。

但命运时常在绝境拐弯，也才有柳暗花明又一村的千年感慨。出生于明嘉靖七年（1528）的西圃公在那场大雨引发的山洪暴发，果园全部被洪水冲毁之后，伤感地行走在满目疮痍的果园，黯然神伤的他看到果园唯独留下一株柚树，他马上把树扶起来，并用土把它培好。也许他的动作缘于对种植果树的热爱或者对自家果树敝帚自珍式的爱怜，并没有赋予多少神圣的感觉，但就是他的这一“举手之劳”，挽救了一种水果的存在，也让后人从书卷的字里行间看到当年他在风雨之后的行走。秋天的时候，这树上只剩下的几个果实果大如斗，果皮金黄，西圃公将这柚子剥开试吃，发现里面无籽，果肉透亮如玉，吃起来像蜜一样甜，所以取名叫蜜柚。后来，西圃公发现树枝培土的地方长出新根，来不及感慨，他把蜜柚分植培育，终于让名果留存。因为果园旁边的那条名叫琯溪的溪流，琯溪蜜柚也就成为这一名果的名字流传岁月风雨。

偶然的机会乾隆皇帝吃到琯溪蜜柚，龙心大悦，就降旨侯山李氏每年要进贡百粒蜜柚到朝廷；到了同治皇帝又赐“西圃信记”印章一枚及青龙旗一面作为商标和禁令。

1996 年，时任福建省委副书记习近平亲植一株琯溪蜜柚

1996 年 10 月 21 日，时任福建省委副书记习近平莅临平和视察琯溪蜜柚生产基地，并到平和县小

溪镇锦溪亲植一株琯溪蜜柚，他一边栽种琯溪蜜柚一边语重心长地教诲平和县人民要把琯溪蜜柚产业做强做大，做成平和富民强县的绿色产业。从此，琯溪蜜柚也就有了盛大的光荣。一种名果的命运总是在岁月中沉浮，琯溪蜜柚从那个溪流边的果园蓬勃生长，生长在平和的田间地头，成为全县共同的梦想和希望，让日子丰硕充盈。

如今，勤劳的平和人民不辜负习近平总书记的殷切期望，用琯溪蜜柚把平和县打造成全国柚类第一县。至 2017 年底，全县蜜柚种植面积 70.78 万亩（占全国柚类面积的四分之一）、年产量 150 万吨，直接产值 50 亿元，涉柚产值 119.6 亿元，出口量达 17.43 万吨，货值 1.59 亿美元。蜜柚已成为平和县支柱产业和农民收入的主要来源，在全国柚类中获种植面积、产量、产值、市场份额、出口量、品牌价值 6 个全国第一，平和县也被誉为“世界柚乡、中国柚都”。

加工包装出口琯溪蜜柚产品（平和县农业局供图）

琯溪蜜柚金字塔造型

茶香柚甜，心归平和。因为不管是香飘四海的白芽奇兰，还是名扬中外的琯溪蜜柚，它们有一个共同的出生地——平和。

（二）柚香奇兰，艺苑流芳

白芽奇兰茶则以另外一种姿态深入生活。漫步在白芽奇兰茶园，看到一畦畦泛绿的茶树诗行般写意地存在，仿佛可以听到茶树生长的声音，每枚绿色的茶叶都是直抵蓝天的希望。唇齿留香的日子让人沉醉在久远的传说之中，白芽奇兰茶的传说在思维的缝隙中纵横奔突。崎岭乡彭溪村水井边那株奇特的茶树，从清乾隆年间初期呼啸而来。由于茶叶芽尖有白色绒毛披露，制成的茶叶清香浓郁，滋味醇厚，鲜爽回甘，内含多种香气成分，尤其是那奇特的兰花香味，

平和县九峰大芹山白芽奇兰生态茶园

真所谓“茶如其名”。但不知道是历史的巧合抑或是发展的必然，白芽奇兰茶也曾受到冷落，沦落到几近绝迹的地步，然后才重振雄风，跟琯溪蜜柚一样有着几近相同的命运轨迹。1981年，彭溪村井边那几棵与众不同的茶树承载了重写历史的辉煌。选育、提纯、复壮、推广，所有的过程都是艰辛和汗水相随，但白芽奇兰茶在田野山坡散发出迷人的清香和制茶车间里弥漫浓郁悠远的茶香，比春天更为悠远漫长，那些艰辛和汗水也就都随风而去，剩下的就是云淡风轻。

品尝琯溪蜜柚或者白芽奇兰茶，也是品尝一种文化，文化许多时候不是点缀，而是经历风雨汰洗的支撑。没有文化，许多辉煌将瘦弱成不堪风雨的存在，最后如灰尘般在微风中了无痕迹。白芽奇兰茶在许多茶杯中曼妙的舞姿让人惬意地吮吸独特的奇兰香味，如果说琯溪蜜柚是豪情冲天的侠客，白芽奇兰茶则是千娇百媚的美女了，就在举杯之间，白芽奇兰茶的万种风情陶醉了几多品茗人。但没有谁料到，有一天琯溪蜜柚和白芽奇兰茶会互相交融，彼此拥有。而当时给柚香奇兰牵线搭桥的是一位爱动脑筋、研究新产品、打品牌的小伙子，从2006年开始，在勤劳的平和人民正努力地一步一步地把琯溪蜜柚产业做强做大、做成富民强县的绿色产业的时候，他发现了柚茶结合的商机，经过多年利用天然柚花窨制白芽奇兰试验，功夫不负有心人，终于做到把柚花融入白芽奇兰茶生产的流程之中。白芽奇兰茶在柚香霸道的侵入中留下了独特的味道，白芽奇兰和柚花两种不尽相同的清香不仅仅造就一种新的产品，尤为重要的是两种品牌的强强联合。它们走到一起是一种幸运，幸运的是它们，还有它们存在之外的人类。

没有谁能够说这是简单的1＋1，很多时候这无关数字的简单

琯溪蜜柚结果树（平和县农业局供图）

叠加，是创意。因为创意，有了前无古人的发明，而不是仅仅意外的发现。而这样的创意来自一位年轻的平和茶人张国雄。他在制作和经营茶业的过程中注入文化，不是为了附庸风雅。他认为因为文化的分量，白芽奇兰茶才会厚重和更为芬芳。于是有了平和县城第一家茶庄，有了平和县第一支经过培训的茶艺表演队，有了把平和两大品牌联袂推出的创意，有了四处寻找收集有关白芽奇兰茶传说故事的忙碌。他不在乎别人得失的评判，只是在自己认准的道路持续前行。许多时候，坚持是一种勇气。如今，平和县已有 10 多家茶叶企业生产加工“柚香奇兰”，给世人带来了舌尖上新的美味。

柚香奇兰茶属再加工茶类中的柚子花茶类，柚子花茶是一种传统的高档花茶品种。据《本草纲目》介绍，柚子具有理气、舒肝、和胃化痰、清心润肺、清肝明目、镇痛等功效。柚子被世界誉为“中国四大名果”之一，尤其是近代医学研究证明，柚子对防治冠心病等心血管病有一定的疗效，并被推荐为保健食品。柚子花不仅有柚子的保健药理功效，还有生发、润燥、美容的作用。柚子花茶以其高品质被誉为“花茶之王”。

柚香奇兰茶以白芽奇兰成品茶和“柚中之王”——平和琯溪蜜柚的鲜花为原料，利用茶叶的吸附性，通过拼和窨制而成。其制作原理与花茶制作原理相同，但因蜜柚花含水率、吐香特征等与其他花类的差别，在工艺上有所差别。

制成的柚香奇兰茶成品一般分为 3 级，即特级、一级和二级。特级柚香奇兰茶外形条紧结重实，色泽乌润，香气浓郁幽长，白芽奇兰品种香突出，滋味醇厚甘爽，汤色金黄明亮，叶底柔软明亮；一级外形条紧结壮实，色泽乌绿尚润，香气香高气长，白芽奇兰品种香明显，滋味醇厚，汤色金黄尚亮，叶底柔软尚亮；二级外形条卷结，色泽乌黑尚润，香气清纯，白芽奇兰品种香显，滋味醇和，汤色橙黄清澈，叶底较柔软稍带红点。

制作柚香奇兰对原料和窨制技术都有一定的讲究。

1. 原料的准备

（1）白芽奇兰成品茶

选择二级以上中高档白芽奇兰成品茶作为茶坯，同级茶坯付制同级柚香奇兰茶。付制前需检查茶坯含水量，若高于 6% 则需先进行复火，烘干机温度 90—100℃，复火至茶坯含水量达到 4%—5%。复火后摊凉至 21—25℃，封箱备用。

（2）蜜柚鲜花

平和琯溪蜜柚鲜花一般集中在每年的 3 月下旬至 4 月下旬间

平和白芽奇兰成品茶

开放。在琯溪蜜柚花盛开季节，结合蜜柚疏花，选择花量高、花质好的柚树采摘。采摘时需选择晴天，在制茶的当天上午 8 时以后进行。采摘的必须是花朵饱满、微开放或中开放、露水已干的蜜柚鲜花。采收后，用透气的箩筐装花为好，切忌用塑料袋装，

平和琯溪蜜柚鲜花（平和县农业局供图）

装运时不得紧压。

鲜花进厂后及时在室内摊凉，厚度不得超过10厘米。摊凉后进行筛花，去掉花蒂、花蕾和杂物，同时分开大小花，大花窨制特级和一级茶，中小花窨二级茶。筛花后及时付窨。

蜜柚鲜花摊凉

2. 窨制

（1）拼和

按茶坯与花1 ∶ 1的比例，采用一层茶坯、一层花，共3—5层进行堆叠的方法将茶坯与蜜柚花拼和，再用铁耙从横断面由上至下扒开，充分拌和。

（2）窨花

把茶、花拼和后直接堆放在地上成长方形块状，宽度1—1.2米，堆高30—40厘米，长度根据场地和窨量而定，每堆约500千克。再在堆面薄薄地散布一层茶坯，厚度约1厘米，达到鲜花不外露，以减少花香散失，这一操作称为“盖面”。

（3）通花散热

在窨花过程中，茶堆温度逐步升高。通常情况下，窨制6—8小时后茶堆温度达到38℃时，需及时进行通花散热。把茶堆扒开薄摊，摊厚度约10厘米，每隔15分钟需翻拌一次，让茶堆充分散热，约1小时后温度降至29℃左右时即可收堆复窨，堆高约30厘米。

再经 5—6 小时，茶堆温度又上升到 38℃左右，花已成萎凋状，色泽由白转微黄，嗅不到鲜香，即可起花。

（4）起花

用起花机把茶和花分开，即为起花。起花操作动作要迅速，起花后做到茶叶中无花蒂、花叶，花渣中无茶叶。停机后，筛网必须清扫干净，起花后的湿茶要薄摊散热防止水焖味。若当天窨制数量多，在短时间内来不及起花，必须将窨堆扒开散热，避免花渣变黄熟呈现闷黄味、酒精味，影响花茶质量。

（5）转窨

起花后立即进行第二次、第三次窨花（二级茶只做 2 次窨花），又称转窨。方法与第一次相同，都要经过拼和、窨花、通花散热、起花等工序。只是在通花散热时间上根据实际情况灵活掌握，但要把握一个原则，即堆温达到 38℃时需及时通花散热，低于 29℃时及时收堆复窨。

窨制柚香奇兰茶

（6）烘焙

经过以上程序后，要快速转入烘干机进行烘焙，茶叶摊厚 2—3 厘米，摊层厚薄应一致。温度控制在 80—100℃，烘焙时间 3—4 小时，至茶叶含水量为 7%—8.5% 即可下机摊凉。

摊凉时注意不可用强风吹，以免造成香气不必要的散失。摊凉至茶叶温度低于40℃时即可进行装箱，于低温干燥的成品库中贮存，待转入成品包装工序。

（7）包装和装箱

成品茶按国家包装标准，要求对产品进行过磅及精致包装。对于大批量产品销售需求，可用散装或箱装，并注意干燥密封。

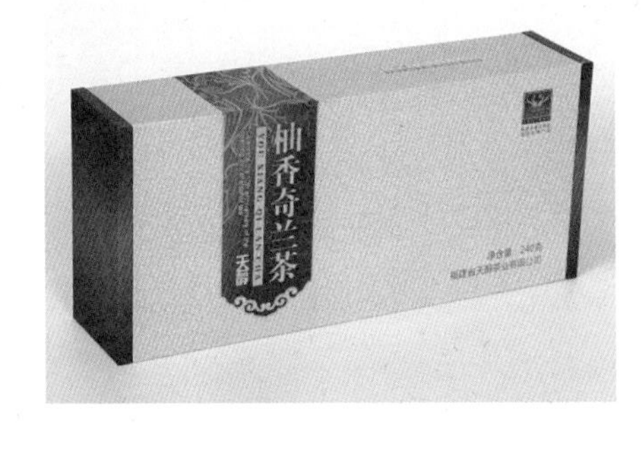

柚香奇兰茶商品包装（天醇茶业公司供图）

柚香奇兰茶的品鉴方法与白芽奇兰茶大同小异，只是茶叶香气中会有兰香和柚花香的糅合，就像徜徉在漫山遍野开满柚子花

柚子造型的茶叶包装罐

的花海中品尝白芽奇兰茶。如果说白芽奇兰茶是精灵的舞者，那蜜柚鲜花便是茶叶的舞伴，平和名泉则是柚香奇兰茶的舞台。

茶香柚甜，心归平和；柚香奇兰，艺苑流芳。

四

品兰赏韵，醉美舌尖

福建乌龙茶是我国著名的茶叶种类，福建又是全国最著名的乌龙茶产区，这其中还有“南北乌龙”之分，所谓“南香北水”，意思就是闽南乌龙品质的特点主要集中在香气上面，而闽北乌龙品质的特点主要侧重茶汤的滋味。白芽奇兰茶属闽南乌龙茶，是典型的高香型闽南乌龙茶品种，其主要品质特点：馥郁的兰花香，香气高锐持久，滋味鲜爽甘醇。

（一）选水择器备茶事

水为茶之母，器为茶之父。茶滋于水，水藉乎器，汤成于火，四者相须，缺一则废。说明好茶必须配有好水和好茶具。闽南功夫茶讲究的是精致，这和大碗喝茶解渴不同。在平和，如果用克拉克瓷茶杯泡茶，那肯定是另外一种佳话。平和白芽奇兰冲泡品饮讲究三个要素：第一是茶叶用量，第二是泡茶水温，第三是浸泡时间。

1. 环境要求

光线要求：泡茶室内光线应柔和、明亮、无阳光直射。

噪声要求：泡茶室应幽静、无杂音，噪声应小于 50 分贝。

卫生要求：泡茶室应整洁、无异味。

温度与湿度要求：泡茶室应保持温度、湿度舒适。室内温度以15—27℃为宜，相对湿度不高于 70%。

小贴士

克拉克瓷

“克拉克瓷”是中国瓷器走向世界的代表作，是明代外销瓷器中数量最多的一种。其质朴的画艺、精美的做工、独特的青花风格，深受欧洲及东南亚皇宫权贵的喜欢，改变了欧洲人对瓷器的审美观点。

明朝时期平和窑青花立凤开光花卉纹瓷盘（平和县博物馆供图）

克拉克瓷缘于一艘船，公元1602年，荷兰东印度公司在海上捕获一艘葡萄牙商船——“克拉克号”，船上装有大量来自中国的青花瓷器，因不明瓷器产地，欧洲人把这种瓷器命名为“克拉克瓷”。后来，通过专家考证，平和是克拉克瓷的原产地，是克拉克瓷的故乡。克拉克瓷主要由三大类组成：青花瓷、彩绘瓷和素三彩瓷，以青花瓷为大宗。在平和县南胜、五寨，有着100多座古窑址，它们是第六批全国重点文物保护单位，当年的十里窑烟是平和窑青花瓷辉煌的注脚。

在温润清爽的克拉克瓷茶杯里倒一杯芳香的白芽奇兰茶，喝的就不仅仅是茶，更是一种心情，一种境界。

茶席：《兰韵》

2. 备具

“茶房五宝”：茶炉、茶壶、白瓷盖瓯、茶杯托盘、茶罐。其中白瓷盖瓯或紫砂壶是闽南地区民间泡茶最为常见的用具，用白瓷盖瓯冲泡白芽奇兰，更能体现出白芽奇兰的品质特征。

“冲茶四具”：茶匙、茶斗、茶夹、杯叉。

3. 备水

水对白芽奇兰茶汤品质影响重大。明代张大复在《梅花草堂笔谈》中说：“茶性必发于水，八分之茶，遇十分之水，茶亦十分矣；八分之水，试十分之茶，茶只八分耳。”可见“精茗蕴香，借水而发”，好水泡好茶。茶圣陆羽云：“其水，用山水上，江水中，井水下。”

尝白芽奇兰，要求“源清、品活、水甘”，选用 pH 值 5.5—6.8 的天然山泉水为佳，溪河水次之；如用井水，深井水较佳。虽然山泉水是最佳选择，但人们为了方便也常常用矿泉水、纯净水。此外，符合国标的自来水也较适宜冲泡白芽奇兰。平和县三平寺圣泉水、灵通山山泉水，名扬闽南，名泉伴名茶，真是美上加美，相得益彰。

小贴士

平和名泉

（1）三平寺圣泉水

三平寺，是闽南著名的千年古刹，地处平和县文峰镇。境内群山环抱，林海绵绵，竹涛滚滚，山清水秀，风景绮丽多姿。在距三平寺 1000 米处有一条瀑布，碧绿的山泉从几十米的悬崖上飞泻而下，迸发出无数水珠，源源不断，蔚为壮观。

（2）灵通山山泉水

灵通山，位于平和县西南部大溪镇，是闽台客家文化生态旅游主要景点之一。明朝黄道周为大峰岩题下“灵应感通”四个字后，称之为灵通山。灵通岩长年流泉飞瀑，犹如珠帘高挂，身临其境，叹为观止。悬空寺的“珠帘化雨”因为它的飘逸成为灵通一景，该景观是全国稀有的，充分体现出“山有多高、水有多高”之神奇。

灵通山飞瀑

（二）冲泡与品鉴技法

1. 冲泡流程和要点

白芽奇兰冲泡流程：摆齐茶具→烧开泉水→热霖瓯杯→奇兰入宫→悬壶高冲→仙女梦醒→奇兰沐浴→奇兰巡海→品尝兰香。

（1）摆齐茶具：白瓷盖瓯、紫砂壶、茶壶、品茗杯等茶具可用于冲泡白芽奇兰。

（2）烧开泉水：冲泡白芽奇兰茶的泉水要烧开，用刚沸的100℃水。

（3）热霖瓯杯：也称“热壶烫杯”。先用烧开的泉水烫洗白瓷盖瓯、瓯杯，有利于醒茶。

（4）奇兰入宫：用茶斗、茶匙请“奇兰仙女”送入盖瓯内，美名“奇兰入宫”。一般茶和水重量比为1：（11—22）。

（5）悬壶高冲：白芽奇兰冲泡茶技讲究高冲水低斟茶，让“奇兰仙女”随着水流旋转而充分舒展，促使茶香流露飘逸。

（6）仙女梦醒：左手提起瓯盖，轻轻刮去浮在瓯面的泡沫，然后右手提起水壶把瓯盖冲净后再盖回瓯盖，即刻把茶汤倒出，称之“仙女梦醒”，亦称“奇兰醒茶”。

（7）奇兰沐浴：再次悬壶高冲、盖上瓯盖。第一次浸泡时间 30 秒左右，之后每次浸泡时间递加 5—10 秒。也可根据品茗者嗜好适度调整浸泡时间，雅称“奇兰沐浴”。

（8）奇兰巡海：用“三龙护鼎”之势，把茶汤巡回式倒入每个品茗杯，俗称“奇兰巡海”；也可以先倒入公道杯，再分倒到每个品茗杯。

（9）品尝兰香：品尝白芽奇兰茶汤时，先嗅其香，再观其色，后品其味。白芽奇兰茶香气幽长，兰香扑鼻，汤色橙黄，滋味醇厚，令人赏心悦目、心旷神怡。

品鉴者可根据自己的喜好调整茶汤的浓淡，方法是调整茶水比或浸泡时间。冲泡容器大小以 110 毫升为例，茶汤浓淡调整参考值见下表。

浓淡	冲泡容器大小（毫升）	投茶量（克）	1—3 泡浸泡时间（秒）
较淡	110	5	25；20；20
		7	20；15；15
中等	110	7	25；20；20
		8	25；20；20
较浓	110	9	25；20；20
		10	25；20；20

注：从第三次冲泡后每次冲泡浸泡时间增加 5—10 秒。

在品味白芽奇兰茶的同时，回味平和的风光和历史，茶就不仅仅是一种饮料，它足以让许多人的心平静、平和，那是一种境界，也是人生的大智慧。

2. 品鉴要点

平和白芽奇兰茶属闽南乌龙茶，是典型的高香型品种之一。品白芽奇兰茶时，宜用啜茶法，让茶汤充分与口腔接触，细细感受茶汤的纯正度、醇厚度、回甘度和持久性，领略其特有的“奇香兰韵”。“奇香兰韵”，即白芽奇兰茶树在平和县等特定的生长环境下，采用优良的栽培方法和传统的制作工艺形成的优异品质，表现为香气浓郁锐长，滋味浓醇带兰花香，回甘明显，齿颊留香。

审评程序依次为观外形、闻香气、看汤色、品滋味和看叶底。

（1）观外形（占 20%）。精制茶外形大部分是卷曲或圆结形，外形颗粒越紧结、越匀整越好，反之越差。

（2）闻香气（占 30%）。香气持久、兰香悠长，越持久越好，反之越差，如有杂味、异味更差。

（3）看汤色（占 10%）。汤色金黄明亮、清澈，越亮越好，反之越差。

（4）品滋味（占 30%）。醇和、鲜爽回甘，越醇厚且回甘越明显越好，反之越差。

（5）看叶底（占 10%）。叶片褐色、红边明显、软亮，越肥软越好，反之越差。

平和白芽奇兰冲泡与品鉴（朱虹演示，平和县白芽奇兰茶协会供图）

外形　　茶汤　　叶底

白芽奇兰（怡利茶业公司供图）

（三）养生功效与宜忌

中国是茶叶的王国，自从“神农尝百草，日遇七十二毒，得茶而解之”，至今已有几千年的历史了。世界饮茶发源于中国。据文献记载，茶最初被当做一种药材，后来在医药实践中，人们才认识到茶不但可以治病，而且可以清热解渴，味道也清香扑鼻，是一种很好的饮料。时至今日，茶不仅是中国人民生活的必需品，而且它与咖啡、可可竞长争高，成为世界三大饮品之一。

随着社会的发展和科学的进步，茶的应用范围日益扩大。不过从总体来说，迄今茶的应用主要还是在食用和药用两个方面，这是由茶的营养成分和药理功能决定的。营养与药效，虽有一定区别，但对于人体而言，均属于保健养生之用。饮茶是精神上的享受，是一种审美且具有艺术性的行为，是一种修身养性的方法。

1. 内含成分

（1）茶多酚

茶多酚是茶叶中酚类物质的总称，又称为茶单宁，包括儿茶素、黄酮类、花青素和酚酸等四大类物质。白芽奇兰茶多酚的含量15.7%，且在茶多酚总量中儿茶素约占75%，它是决定茶叶色、香、味的重要成分。

（2）生物碱

茶叶里所含的生物碱主要是咖啡碱、茶叶碱、可可碱、腺嘌呤等，其中咖啡碱含量较多。咖啡碱易溶于水，是形成茶叶滋味的重要物质。咖啡碱还可作为鉴别真假茶的特征之一。咖啡碱对人体有多种药理功能，如能兴奋中枢神经系统，增强大脑皮质的兴奋过程，帮助人们振奋精神、增进思维、消除疲劳、提高工作效率；能消解烟碱、吗啡等药物的麻醉与毒害等。白芽奇兰咖啡碱含量2.8%。

（3）氨基酸

茶叶中的氨基酸已发现的有28种之多，大部分为人体所必需。其中茶氨酸为茶特有的氨基酸，为检查茶叶真伪的化学指标。氨基酸有较高的水溶解度，使得茶汤具有鲜甜的味感，尤其是茶氨酸，是形成茶叶香气和鲜爽度的重要成分。白芽奇兰氨基酸含量0.8%。

（4）维生素

白芽奇兰茶叶中含有丰富的维生素类，其含量占干物质总量的0.6%—1%。维生素类分水溶性和脂溶性两类。脂溶性维生素不溶于水，饮茶时不能被直接吸收利用。

（5）矿质元素

白芽奇兰茶叶中含有几十种矿质元素，含量较多的为钾。人体细胞不能缺钾，夏天出汗过多，易引起缺钾，饮茶是补充钾的理想方法。矿质元素对人体内某些激素的合成，能量转换，人类的生殖、生长、发育，大脑的思维与记忆，生物氧化，酶的激活，信息的传导等都起着重大的作用，如硒对人体防癌抗癌、增强免疫功能等有积极作用，平和白芽奇兰主产茶区土壤主要为微酸性红壤，土层深厚，养分含量高，且土壤中富含硒。茶树是一种吸收、富集硒元素能力很强的植物，而叶片是硒积累的主要器官，硒能够显著促进早春茶树提前发育，提高产量，提高茶多酚、氨基酸和维生素 C 的含

平和高海拔生态茶园

量，使茶汤的甜味、香气显著提高，苦味、涩味下降。

此外，白芽奇兰茶还含有糖类、类脂类、有机酸、无机化合物、芳香物质等营养成分，常饮具有提神益思、解酒消滞、降压减肥、消烦解暑、生津活血等功效。

2. 保健功能与疗效

生津止渴、消热解暑：茶叶中有机酸与维生素 C 对口腔黏膜起刺激作用，促进唾液分泌，产生生津止渴作用。

利尿解毒：茶叶中的咖啡碱、可可碱与茶叶碱都易溶于水，通过饮茶被吸收后，能舒张肾血管，增强肾脏的血流量，因而增加了肾小球的滤过率，这就是饮茶利尿的道理。

益思提神，坚齿防龋。

增强免疫：茶叶中的脂多糖、多酚类物质都能增强人体的免疫功能。另外茶可杀灭肠道中的有害细菌，同时又能激活和保护肠道中的有益微生物。饮茶可提高白细胞和淋巴细胞的数量和活性，促进脾脏细胞中的细胞间素的形成，因而增强了人体的免疫功能。

延缓衰老：人体衰老的重要原因是产生了过量的自由基，这种具有高能量、高活性的物质，起着强氧化剂的作用，使人体的脂肪酸产生过氧化作用，破坏生物体的大分子和细胞壁，细胞很快老化，引起人体衰老。茶叶中的茶多酚可以有效地消除多余的自由基，防止脂肪酸的过氧化，因此饮茶可以延缓衰老。

杀菌抗病毒：茶叶中的茶多酚对多种病原真菌有很强的抑制作用，常喝茶对病毒性感冒、病毒性腹泻有一定的抑制作用。

降脂减肥：茶叶中的咖啡碱能促进脂肪的分解，提高胃酸和消化液的分泌量；茶叶中的茶多酚能防止血液和肝脏中甾醇、中性脂肪的积累；茶叶中的茶绿素可抑制胃肠道对胆固醇的吸收，以上这些因素共同起着消除脂肪、降低血脂、防止肥胖的作用。

消臭、助消化：饮茶可刺激分泌更多的消化液，有助于淀粉、蛋白质和脂肪的分解，帮助消化。

降血压、预防心血管疾病：依然是茶多酚抑制转化酶而起到降血压的功效。

降血糖、预防糖尿病：茶叶中的多酚类物质、维生素 C 和多糖能保持人体微血管的正常坚韧性和通透性，还有调解人体糖代谢的功能。

明目、治疗眼科疾病：茶叶中的维生素 B_1 有维持视神经功能的作用，维生素 B_2 是维持眼视网膜正常功能必不可少的活性成分，维生素 C 是人体眼球的重要营养物质。因此，多饮茶肯定有利于眼睛的健康。

清肝、保护肝脏：茶叶中的茶多酚可防止血液和肝脏中胆固醇、中性脂肪的积累，这对清肝有很大的作用。儿茶素对肝炎病毒有抑制作用。因此，饮茶也是预防肝炎的有效方法。

防治坏血病：坏血病是缺少维生素 C 引起的，白芽奇兰茶叶富含维生素 C，常饮茶可预防坏血病的发生。

抗辐射：辐射引起的损伤之一是破坏造血功能，降低血液中的白细胞数。癌症病人的放射治疗，往往由于白细胞的严重下降，免疫功能遭破坏，放疗不能继续进行。茶叶中的茶多酚、脂多糖、维生素 C 等都能提高机体的免疫功能，还能有效提高白细胞数量。因此，茶叶的抗辐射功效是明显的。

抗过敏。

抗溃疡。

益智，有利于身体健康。

治疗腹泻和便秘。

抗癌、抗突变。

以上是近年来关于饮茶与健康研究取得的一些成果，相信随着科学的发展，茶叶保健功效和药理功能的研究还会进一步深入。

3. 饮茶宜忌

我国民间有句老话："当家度日七件事，柴米油盐酱醋茶。"这话说明茶在我国人民生活中必不可少。然而人们只知道饮茶很有乐趣，而且对人体健康有益，却不知道饮茶还有学问，如因人制宜、因时制宜。

茶对提神醒脑、促进消化等都有良好的作用，但茶中的两种元素：鞣酸和咖啡因，对患有某些疾病的人来说，却成为不确定因素。所以饮茶并不适宜所有的人，每个人在饮用茶的浓度、量度上都应该有区别，这要具体根据不同的体质、年龄以及工作性质、生活环境等条件来判断。

从体质方面来看，身体健康的成年人均可适量饮茶，有益身心。对于"宁可终身不饮酒，不可三餐无饮茶"的老年人而言，适当饮茶有利于延年益寿，但茶不可泡得太浓。对于女性而言，平时一般以淡茶为宜，但在行经期、妊娠期、临产期、哺乳期、更年期等"五期"的女性则不宜饮茶。对于儿童而言，应当讲究适度，饮茶千万不要过量，越小的孩子越应如此。对于一些病人而言饮茶须谨慎，感冒发热的不宜饮茶，神经衰弱的要有选择地饮茶，溃疡病人少饮茶，心血管病人应适量饮淡茶，低血糖病人莫饮茶，素食者和体瘦者少饮茶。

饮茶有益于健康，但饮茶当有四季之别。一年有春夏秋冬之分，而茶叶也有寒热温凉之别。古代养生家认为，要达到喝茶健身的理想效果，须根据四季气候的特点与各类茶叶的性能，以及人体生理代谢的适应能力等择而饮之。民间流传一句关于四季适宜饮用茶类的谚语："夏绿冬红，四季乌龙。"现如今市场上的白芽奇兰茶属半发酵乌龙茶，在一年四季均适宜饮用。

除了以上提到的禁忌，需要注意的还有长期饮浓茶易导致老年骨质疏松，睡前饮浓茶影响睡眠质量，酒后饮浓茶火上浇油，忌用茶水服药，忌空腹饮茶等。

（四）茶王赛与两岸茶会

1. 平和白芽奇兰茶王赛

茶王赛，源自古代的斗茶，始于唐朝，宋代其风最盛。北宋文学家范仲淹在《斗茶歌》中云："胜若登仙不可攀，输同降将无穷耻。"由此可见一斑。通过历史的传承和时代的创新，茶王赛仍是当今评选茶叶品质优劣的主要活动之一，为全国各地乃至世界其他产茶国家和地区的名茶评比活动所沿用。由于茶叶形态的不同、茶类的不同、泡饮方式的不同，评选的方式和评判的标准也就大相径庭。而在白芽奇兰茶的发源地——平和县，这一活动与白芽奇兰一起繁衍壮大。“平和白芽奇兰茶王赛”活动一届比一届隆重，茶企茶农参赛热情一年比一年高涨。通过举办“平和白芽奇兰茶王赛”活动，提升白芽奇兰茶的品质、扩大白芽奇兰知名度及影响力。

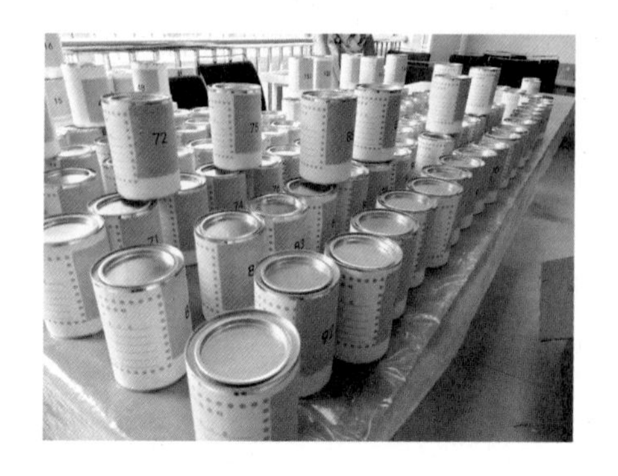

由公证人员编号封存的样茶罐

在平和白芽奇兰茶王赛评选活动中，茶企、茶商、茶农等通过提前报名，把参赛茶样送到茶王赛组委会，组委会配合公证人员统一取样放入规格

将参赛茶样倒入评茶盘审评干茶外形（林文彬供图）

一致的样茶罐，并编号密封。由于参赛者较多，茶样评比分组进行，公证人员全程监督。每一组都会取 10 个参赛茶样进行评比（第一组参赛茶样中选出一个对照样供所有小组对照评选），每一个茶样扦样称取 5 克分别放在特定规格的 10 个盖碗中依次冲泡，让每一片茶叶在开水悬壶高冲下充分舒展开来，计时后依次出汤进行感官审评。

白芽奇兰乌龙茶感官审评对室内环境和审评器具都有一定的要求，审评前需要准备好干评台、湿评台、评茶杯、评茶碗、评茶盘、叶底盘等设备和用具。评委成员依次先观干茶外形、色泽，再逐一闻香审评，开汤品味；冲泡三次后将叶底置于装有

用天平称取审评茶样（林文彬供图）

用烧开的沸水对参赛茶样依次进行冲泡（林文彬供图）

出汤（林文彬供图）

清水的叶底盘摊开，评估叶片匀整度和色泽。总之，要对形、色、香、味这四个茶叶品质构成因子当场逐一打分，最后按高分到低分依次排序。待农残检测合格后由公证人员对照茶样登记编号，现场揭晓获奖名单。

1997 年 11 月 21 日，在“福建省名优乌龙茶品鉴会暨‘九峰杯’奇兰茶王大奖赛”中，平和县九峰茶叶协会选送的白芽奇兰茶样荣获本届茶王赛茶王，并以 500 克茶王拍卖 18 万元创当年全国同行业之最，为平和的白芽奇兰茶塑造了品牌、拓展了销售市场。至 2018 年，“平和白芽奇兰茶王赛”连续举办了 11 届，每一届茶王赛都凝聚了平和茶人的勤劳和智慧，茶人们每每

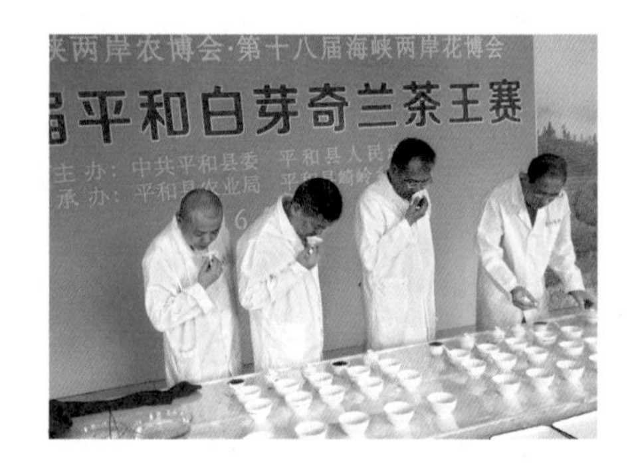

闻杯盖香审评茶叶香气（林文彬供图）

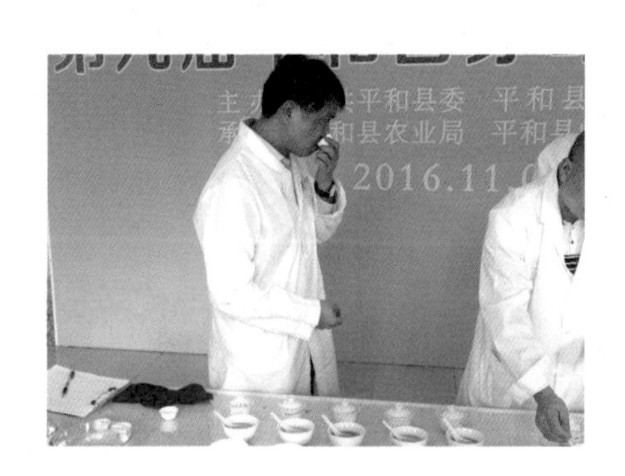

品尝茶汤审评茶叶滋味（林文彬供图）

将叶底倒入叶底盘后加入清水审评叶底（林文彬供图）

1997 年首届白芽奇兰茶王赛奖杯

制作出一泡好茶就有新生儿诞生般的喜悦。他们在每一届的茶王赛评比中不断改进和提高制茶技艺，促进白芽奇兰茶叶品质的提升。

平和白芽奇兰茶王赛颁奖大会暨平和茶产业发展论坛

2. 平和白芽奇兰参加“两岸茶会”

平和与台湾自古血脉相承，一样的语言，一样的文化，一样的喜爱功夫茶。台湾的冻顶乌龙茶，在茶叶加工过程中有一独特的布球揉捻工艺，与平和白芽奇兰的制茶工艺相同。历年来，平和与台湾共同参加“两岸茶会”的活动一直在延续。通过“两岸茶会”活动促进两岸茶文化交流，促进两岸情！

茶香氤氲，茶事纷呈。为助力海峡两岸茶产业、茶文化共同发展，平和白芽奇兰搭上了两岸茶事盛会的列车，参与多届两岸茶会、论坛、展会等活动。

2007年起，平和白芽奇兰茶连续6届参加“海峡两岸茶博会”，都荣获“闽台名茶”称号。

2014年开始，平和白芽奇兰连续5届参加“海峡茶会”活动。白芽茶香迎盛会，奇兰雅韵接宾朋，平和人以白芽奇兰在“海峡茶会”活动中以茶会友，闻香品茗、共叙佳话。更值得一提的是，2015年在中国（平和）白芽奇兰茶交易中心举办了第七届海峡论坛·第二届海峡（平和）茶会。活动主题是“海

首届海峡两岸现代农业博览会·第十一届海峡两岸花卉博览会现代茶业发展论坛在平和县举行（平和县农业局供图）

海峡（平和）茶会演出活动（平和县农业局供图）

精致的克拉克瓷茶具吸引游客眼球（平和县农业局供图）

第七届海峡论坛·第二届海峡（平和）茶会开幕式（平和县农业局供图）

峡叙茶缘·奇茗话春秋”。茶会共有 133 个展位，展示内容涉及两岸茶产品、茶食品、茶具、茶机械等茶产业相关产品。来自台湾的茶叶专家、茶企代表有 85 人。两岸茶人齐聚一堂，共商两岸茶业经贸往来，探讨茶叶加工制作技术，交流茶文化。

人们正在展位前了解各种茶品特色（平和县农业局供图）

在本届茶会开幕式上举行了“平和杯”台湾冻顶乌龙茶王赛、“平和杯”白芽奇兰茶王赛和第二届海峡（平和）茶会白芽奇兰茶优秀企业颁奖，以及平和白芽奇兰获农业部农产品地理标志授牌等仪式。

本届茶会还举办了茶产业论坛，湖南农业大学茶叶研究所所长、教授刘仲华，台湾大学教授陈右人，中国国际茶文化研究会常务副会长孙忠焕，福建农林大学茶叶研究所所长、教授郭雅玲分别作了《中国茶的格局与展望》《两岸茶缘》《谈“茶和天下”及茶研会》《白芽奇兰新秀吐芬芳》等专题发言。

2016—2018 年，平和白芽奇兰茶参加在漳州东南花都花博园举办的第三、四、五届海峡（漳州）茶会，同时参加海峡两岸茶产业发展研讨会、专题讲座、茶王赛颁奖仪式等活动。众多两岸专家、学者齐聚一堂，品茶香、说茶事。

平和白芽奇兰获农业部农产品地理标志授牌仪式（平和县农业局供图）

两岸茶人、专家、学者座谈会（平和县农业局供图）

“海峡（漳州）茶会”活动现场（林文彬供图）

五

语堂故里，茗扬中外

林语堂
1895-1976

（一）黄道周峰茶润笔

明崇祯六年（1633），民众为答谢王守仁建置平和县之功，在县城东郊修建一座王文成公祠，春秋祀之。“文成”是王守仁逝世后皇帝赐给他的谥号。

位于九峰镇的王文成公祠

王文成公祠位于九峰镇城东村，背靠九和山，山峦叠翠，面临九峰溪，一泓溪水自东北逶迤而来，是处旷野平畴，九峰八景之一的“东郊春雨”就是指这里，好一块钟灵毓秀之地。祠三进，均面阔三间，青砖灰瓦，翘角飞檐。清道光年间编撰的《平和县志》说王文成公祠“堂宇恢宏，栋楹华采，诚一方之巨观也”。祠中，还矗立一座王守仁塑像。塑像的原型是当时漳州知府施邦曜从王守仁家乡浙江余姚县得像来的，他命能工巧匠，按照原貌，精雕细刻而成。

为记载盛事，平和知县王立准礼请当代大儒黄道周为新祠撰写一篇碑记。黄道周时任宫詹学士，正好告假回乡。平和县教谕蓝光奎奉王知县之命，专程到铜山（今东山县）迎请先生。第三天，黄道周在蓝光奎陪同下，风尘仆仆赶到九峰，瞻仰了王文成公祠之后，答应当夜完成这篇碑记。蓝光奎知道黄道周是“茶仙”，品茶的本事跟他的文章一样，堪称“当朝第一”，便把他安置在文庙泮池旁一间清净的住所，并派一名童子为他煎茶。这天晚上，月白风清，黄道周临窗凭几，望天边一弯凉月，听窗外几处虫声，心旷神怡。他一手提笔，一手拿着茶杯呷了一口，写下几行字。所饮之茶，滋味醇厚，齿颊生香，令先生文思如泉涌，未到四更，洋洋数千言的《王文成祠碑记》便一挥而就了。

碑文中，黄道周先是颂扬王守仁置平和县之功绩，“今自平

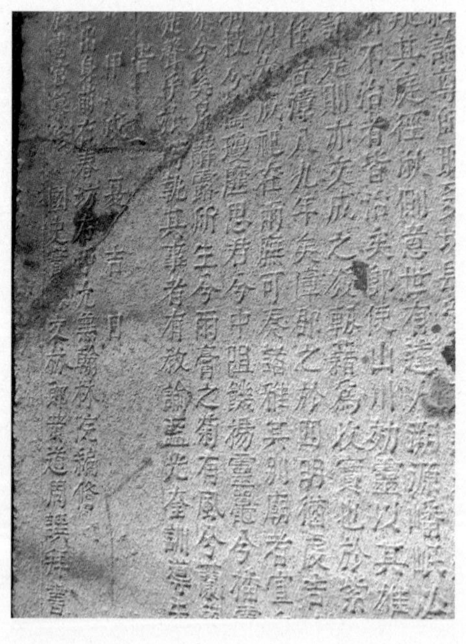

黄道周为王文成公祠撰写的碑记（部分）

平和大峰山

和设县以来百二十年，弦诵文物，著于郡治”，然后记叙修建祠宇缘由，之后重笔阐发“溯文成之原，宏文成之业”是对先哲最好的纪念。

第二天早上，蓝光奎教谕来见黄道周，看了文章，结果比原来希望的还好，因而感到特别高兴。这样的好文章一定会流传千古，便包了30两银子的红包，答谢先生做润笔之礼，黄道周说什么也不肯收，蓝光奎说什么也要送，推让再三，黄道周问起昨夜喝的是什么茶，蓝光奎回答称该茶产自大峰山。黄道周拱拱手，说：“送我两斤大峰山茶，作为润笔之资，足矣！”

蓝光奎知道黄道周为人清高，就不再强求先生收礼，拿回红包，改送两斤大峰山茶。这件事传开了，成为美谈。此后，平和人把茶视为珍贵的礼品，凡是贺礼、寿礼、婚礼、谢礼，还是亲友间往来，都喜欢以茶馈赠，并成为一种风俗习惯。

刻有黄道周那篇文章的石碑，现在还收藏在平和县博物馆里。

（二）林语堂“三泡说”论茶

林语堂，中国现代著名作家、翻译家、语言学家，1895年出生于平和县板仔。

世界文化大师林语堂

林语堂爱茶、懂茶，也喜欢喝茶。柴米油盐酱醋茶，在平和，茶叶是生活的必需品，有客人来了，端上一杯热茶是再平常不过。从小的时候，林语堂善良的母亲就经常招呼过路的樵夫、路人到家里喝茶，习惯和家风，让林语堂从小就把喝茶当成一种习惯，平和茶进入林语堂的生活，逐渐浸染到生命深处。慢慢地，林语堂对茶的了解越来越多。在他的写作过程中，就写出许多有关茶的妙论。诸如“茶

位于平和县板仔镇的林语堂故居

须静品”，“只要有一把茶壶，中国人走到哪儿都是快乐的”，“捧着一把茶壶，中国人把人生煎熬到最本质的精髓”，等等。

林语堂曾经说过：“我以为从人类文化和快乐的观点论起来，人类历史中的杰出新发明，其能直接有力地有助于我们的享受空闲、友谊、社交和谈天者，莫过于吸烟、饮酒、饮茶的发明。”这把茶捧到一个至高无上的地位。他认为“至于饮茶一道，其本身亦是一种艺术”，“饮茶的通行，比之其他人类生活形态为甚，致成为全国人民日常生活的特色之一”。正是这个原因，于是在中国各处茶寮林立，相仿于欧洲的酒吧间以适应一般人民。至于喝茶的地点，不一而足，是在家庭中喝茶，又上茶馆去喝茶。茶的方式也不尽相同：或则独个儿，也有同业集会，也有吃讲茶以解决纷争。喝茶的时间，也不确定，“未进早餐也喝茶，午夜三更也喝茶”。

林语堂善于喝茶，他认为“茶叶和泉水的选择已成为一种艺术”。在《茶与交友》这篇文章里，他详细说明喝茶的环境十分重要：“一个人在这种神清气爽，心气平静，知己满前的境地中，方真能领略到茶的滋味”，“饮茶之时而有儿童在旁哭闹，或粗蠢妇人在旁大声说话，或自命通人者在旁高谈国是，即十分败兴，也正如在雨天或阴天去采茶一般的糟糕”。至于茶叶的制作准备，也是很讲究的：“茶是凡间纯洁的象征，在采制烹煮的手续中，都须十分清洁。采摘烘焙，烹煮取饮之时，手上或杯壶中略有油腻不洁，便会使它丧失美味。所以也只有在眼前和心中毫无富丽繁华的景象和念头时，方能真正的享受它”，“因为采茶必须天气清明的清早，当山上的空气极为清新，露水的芬芳尚留于叶上时，所采的茶叶方称上品”。烹茶须用小炉，烹煮的地点须远离厨房，而近在饮处。茶僮须受过训练，当主人的面前烹煮。一切手续都须十分洁净，茶杯须每晨洗涤，但不可用布揩擦。僮儿的两手须常洗，指甲中的污腻须剔干净。“三人以上，止用一炉；如五六人，便当两鼎。炉用一童，汤方调适，若令兼作，恐有参差。”你看，林语堂是把喝茶讲究到了精致的程度，不仅仅是清洁程度做了要求，就是泡茶

林语堂像

的僮仆也是非常讲究，避免不同的人操作，标准有所差别。

泡茶的过程依然重要。“茶炉火都置在窗前，用硬炭生火。主人很郑重地扇着炉火，注视着水壶中的热气。他用一个茶盘，很整齐地装着一个小泥茶壶和四个比咖啡杯小一些的茶杯。再将贮茶叶的锡罐安放在茶盘的旁边，等水已有热气从壶口喷出来，谓为将届‘三滚’，壶水已经沸透之时，他就提起水壶，将小泥壶里外一浇，赶紧将茶叶加入泥壶，泡出茶来。”这样的茶就可以喝了，这道茶已将壶水用尽，于是再灌入凉水，放到炉上去煮，以供第二泡之用。“以上所述是我本乡中一种泡茶方法的实际素描。”林语堂对家乡平和泡闽南功夫茶的过程做了详尽的描述。如果不是非常了解，林语堂无法如此详尽地介绍功夫茶。林语堂在喝茶的过程中，还总结了著名的“三泡论”：“茶在第二泡时最妙。第一泡譬如一

林语堂故居菩提树下话奇兰

个十二三岁的幼女，第二泡为年龄恰当的十六女郎，而第三泡则已是少妇了。”至于一杯茶，最好的颜色是清中带微黄，而不是英国茶那样的深红色。茶味最上者，应如婴孩身上一般的带着“奶花香”。茶的雅、香、味、韵，可以说一个不少了，一个喜欢喝茶、善于喝茶的林语堂闲适走来。

林语堂对茶的“回甘”和养生作用非常有体会：“最好的茶是又醇又和顺，喝了过一二分钟，当其发生化学作用而刺激唾腺，会有一种回味升上来，这样优美的茶，人人喝了都感到愉快。我敢说茶之为物既助消化，又能使人心气平和，所以它实则延长了中国人的寿命。”

林语堂不仅仅把泡茶的形式，还把家乡茶的意蕴，在一杯杯喝茶的时候，娓娓道来。不知道因为有了讲究闲适才爱上功夫茶，或者因为闽南功夫茶的悠闲助长了他的闲适生活，只是在细酌慢饮之中，闲适、平和的纯粹人生态度和文化格调从历史深处款款走来，笼罩在林语堂睿智的身影上，茶作为东方文化深入林语堂的骨髓之中。

平和茶的故事不断演绎，在水汽中升腾，在茶香中弥漫。

（三）台湾茶与平和茶的渊源

平和县与台湾关系密切，台湾有许多人的祖籍地就在平和，从雾峰林家、阿里山神吴凤到张克辉（十届全国政协副主席）、江丙坤（中国国民党原副主席）、林毅夫（经济学家）；再如台湾有个大溪镇，平和也有个大溪镇，台湾有不少地方的地名与平和相同，或者以平和命名。据漳州市政协涂志伟的相关文章介绍，平和是台湾汉族移民的重要祖籍地，居民有闽南人、客家人。清顺治年间，平和县入台的有刘、朱、李、林、曹、吴、范等7个姓；康熙至同治年间迁台的有赖、许、何、卢、龚、官、高、陈、黄、郑、曾、叶、孙、方、杜、蓝、冯、田、巫、郭、杨、温、姜、柳、江、阮、谢、蔡、庄、王、钟、骆、周、游、汪、卓、余、赵、董、徐、罗等43姓，共有50个姓。据族谱记载，平和县各姓共有879个渡台祖，分别在台南、高雄、彰化、南投、嘉义、台中、台北、淡水、宜兰等地开基。祖籍平和的台中雾峰林家为台湾五大家族之一。

台湾现已知的平和县冠籍地名至少有9个27处，分布的县市

平和三平祖寺

三平祖师铜像

乡镇面比较广，以平和里命名的冠籍地名有宜兰县宜兰市坤门，台中市北屯区、南区，云林县虎尾镇，彰化县彰化市、田中镇，南投县南投市，嘉义县嘉义市，屏东县屏东市。其中台中市原二分埔以平和县地名的平字冠籍衍生的地名有平和里、平安里、平德里、平顺里、平阳里、平心里、平福里、平田里、平昌里、平兴里等 10 个里。以平和村命名的冠籍地名有彰化县大村乡、嘉义县民雄乡。此外，还有云林县虎尾镇平和里平和厝、彰化县彰化市平和里平和厝；嘉义县水上乡水头村的庵后，南投县南投市平和里的琯溪宗祠，嘉义县水上乡宽士村和云宫等冠籍地名。在台湾命名平和的街、路、巷至少有 13 处，但有的只是与平和县地名同名，其中已知属平和县冠籍地名的有台北市大同区原有平和街、南投市有平和里平和街 2 处。

由于平和是吉言佳字，台湾有一些平和村里地名属于采用吉祥用语而命名，而与平和县同名。据统计，2000 年的台湾村里命名为平和的有 18 个村里，其中有许多是漳籍人聚居区或平和县籍移民入垦聚居区。

平和县的三平寺、灵通岩、侯山宫、心田宫、慈惠宫、保宁庵、敌天大帝庙、崇福堂等寺庙与台湾有神缘关系。

历史上平和与台湾两地往来频繁，交往密切。自 1987 年 11 月台湾当局开放民众赴大陆探亲以来，先后有 38 个姓氏宗亲组团或三五人回平和寻根谒祖，总人数超万人，在平和县的亲属有 1435 户、6400 多人。全县有 310 名女性通过合法途径与台胞办理婚姻登记。

平和与台湾自古血脉相承，一样的语言，一样的文化，一样的喜爱功夫茶。

台湾茶叶的一个重要发祥地南投县鹿谷乡冻顶山所产制的冻顶乌龙茶，其制茶技艺源自闽南乌龙，有别于闽北之武夷岩茶，在其

台湾冻顶乌龙茶
成品茶外形

制造过程中有一独特之布球揉捻（或称包布揉、揉布球、团揉），使冻顶乌龙茶具有独特之香味、形状呈半球形（似龙舞、似抱虾），这样的工艺与平和的制茶工艺相同。南投县鹿谷乡邻近之竹山、名间、林内，以及新兴之高山乌龙茶皆源自此制茶技艺。

众多的平和人移居台湾，将平和的种茶技术和制茶工艺等带到台湾，台湾茶也不可避免地带上平和的色彩和文化。如今在台湾，有不少制茶技术和茶文化就与平和相同或者相近，两地茶缘关系深厚。

平和的白芽奇兰茶牵动着不少在外平和人的心，中国国民党原副主席、海基会原董事长江丙坤就是其中的一位。2015 年 6 月，在举办“第七届海峡论坛·第二届海峡（平和）茶会”时，江丙坤发来贺电，他在贺电中表示，平和乡亲举办海峡两岸茶会，开展相关文化活动，必将推动白芽奇兰茶产业长远发展，进一步扩大平和对外影响力。

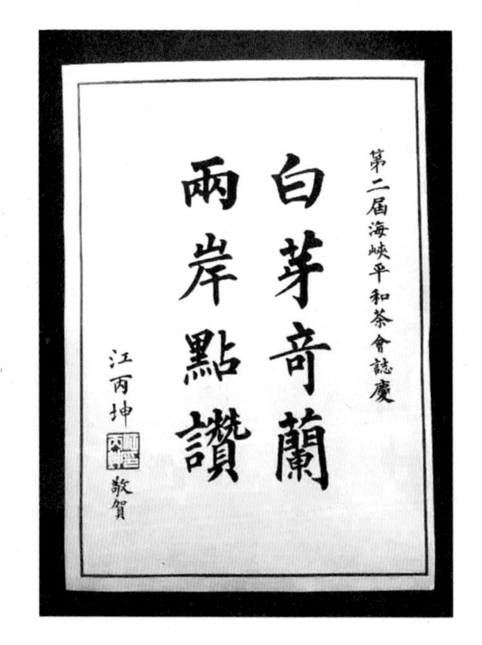

江丙坤为白芽奇兰题词

海峡（平和）茶会落幕后，江丙坤更为白芽奇兰寄语题词“白芽奇兰两岸点赞”。这是江丙坤先生继 2006 年 5 月首次回乡寻根，为灵通山题写“灵通仙境”之后，再次为家

江丙坤回乡谒祖品尝家乡白芽奇兰茶

乡题词，表达了江丙坤先生浓郁的家乡情怀。

江丙坤的祖籍地在平和县大溪镇江寨村。2006 年 5 月 21 日，时任中国国民党副主席的江丙坤首次回乡寻根谒祖，品尝家乡的白芽奇兰后盛赞“这茶真香”。

白芽奇兰上乘的品质给江丙坤留下深刻的印象。当年 5 月 22 日，江丙坤完成了在祖籍地大溪镇江寨村的“寻根之旅”后，应天福集团董事长李瑞河先生的邀请，来到漳浦的石雕园和茶博物馆参观，看到李瑞河回到大陆后不仅东山再起，而且比在台湾发展得更好，很是欣慰。

高兴之余，江丙坤心中更是牵挂自己的家乡平和的发展，他两次拜托、动员李瑞河到自己的故乡平和县种植白芽奇兰茶，发展农业休闲山庄。李瑞河深为江丙坤的故土情所感动，当场答应帮忙宣传和发展白芽奇兰茶。

（四）女排姑娘，爱喝奇兰

中国国家女子排球队，简称中国女排，是一支具有光荣历史、成绩突出、全国老百姓家喻户晓的体育团队，团结协作、顽强拼搏的中国女排团队精神是中华民族精神的象征。

自 1976 年新一届中国女排在漳州组建后，漳州便被称为中国女排的福地，女排每次出征，都会选择漳州作为集训地。这是最早也是持续时间最长的女排训练基地。中国女排原主教练袁伟民和中国女排姑娘们，都深情地称漳州体育训练基地是“中国女排的娘家”。

进入 20 世纪 80 年代，中国女排顽强拼搏，力挽狂澜，开始腾飞。曾先后荣获 1982 年、1986 年世界女子排球锦标赛冠军，1981 年、1986 年、2003 年、2015 年女排世界杯冠军，1984 年、2004 年、2016 年奥运会冠军。

平和茶人林钟辉第一次见中国女排是在 1976 年。当时，在漳州组建的中国女排为了答谢“娘家”父老乡亲，于是在漳州举办一场表演赛。那时林钟辉家住平和县，为了看女排的球赛，他骑自行车跋山涉水赶到漳州，往返奔走了 200 多千米。女排姑娘在比赛中精湛的球技和顽强的拼搏精神深

林钟辉与时任中国女排主教练陈忠和品茗话茶缘（晨晖茶业公司供图）

深感动了他。从那以后，他便成了中国女排的“铁杆粉丝”，更加关注女排的训练和比赛情况。1997 年林钟辉在漳州体训基地附近开了家茶庄，专门推销老家平和县出产的白芽奇兰。1999 年的一天，体训基地的工作人员到茶庄为前来夏训的女排姑娘购买茶叶，林钟辉感到十分惊喜，恳求对方给他一个机会，亲手将家乡的白芽奇兰茶赠送给女排姑娘品尝，献上一个忠实球迷的炽热心意。体训基地的工作人员见他十分诚恳，便赞同了。白芽奇兰也因此与中国女排结下不解之缘。

从 1999 年起，每次中国女排到漳州集训或参加世界大赛，林钟辉都会挑选最好的白芽奇兰送给女排姑娘品尝，为她们鼓劲加油。这份挚情深深打动了中国女排，林钟辉也把中国女排团结一致、顽强拼搏的作风当成企业的精神文化，推进白芽奇兰的发展壮大。

茶人林钟辉这样体会：“做茶喝茶可以交到好朋友，自己心情舒畅，身体也好。但要用女排的拼劲才能做好茶，确保质量，做出良心茶。”

大协关茶叶基地的福建农林大学茶树品种区域实验点（晨晖茶业公司供图）

林钟辉在大协关建立茶叶基地，选择在海拔 600 米的山上种植白芽奇兰，避开交通枢纽和工业区，就是看中这里的土壤、空气和水。为确保品质，他坚持从根源抓起， 建设生态茶园，茶园全部施用有机肥。为了防治茶树病虫害，茶园采用太阳能杀虫灯，确保生产出原生态的、健康的有机好茶。除了抓源头，林钟辉在茶叶制作的各个环节中也严格把控，用女排的工匠精神制作白芽奇兰，从晾青、做青、杀青、包揉等各个工序下功夫，比如工人在晾青之前会在地上铺一层白棉布，然后再均匀将茶青铺开。白棉布既可以吸收茶青部分水分，提高叶子韧性，便于做青，又可避免茶青与地面接触，保证清洁安全。从鲜叶进厂验收到茶叶制作、产品出厂都实行专人负责，严格把关。

林钟辉多年来深耕生态有机茶园建设，以生产传统“兰香兰韵”白芽奇兰茶而闻名，在福建厦、漳、泉地区小有名气，时而吸引在漳州训练的中国女排姑娘前来品茶。

为应对市场变化，早在 2009 年 9 月，林钟辉推出一款采用传统制茶工艺精制的“炭火烘焙白芽奇兰茶”，受到茶客好评。这种炭火烘焙过的茶发酵比较重，性质更温和，对肠胃刺激更小。炭焙茶，木炭选用是关键，龙眼树烧成的炭是最好的木炭之一，用这样的木炭焙茶，茶叶特别香韵甘甜。

2002 年白芽奇兰被指定为中国女排专用茶（晨晖茶业公司供图）

白芽奇兰茶叶品质提

升，受到社会各界的肯定。2002 年，白芽奇兰被指定为中国女排专用茶，表达了女排姑娘对“娘家茶”的深情厚谊；而后在 2014 年获得第十五届福建省运会指定用茶，在 2015 年获得第一届全国青运会指定用茶。

2015 年向中国女排主教练郎平赠送白芽奇兰“娘家茶”品尝茶样（晨晖茶业公司供图）

时代在变，国人对女排的热爱没有变，中国女排的队员换了一茬又一茬，但中国女排与白芽奇兰结下的情谊没有变，女排姑娘爱喝漳州娘家白芽奇兰茶的口味没有变。

（五）扬帆起航，香飘万里

闻香品茗，自古有之。茶圣陆羽在《茶经》中说：“茶之为饮，发乎神农氏，闻于鲁周公。”说明了茶作为饮品之历史悠久。福建是乌龙茶的原产地，漳州市平和县是白芽奇兰茶的发祥地。清康熙版《平和县志》载：“茶出大峰山者良。”平和茶叶在清代已开始出口南洋等地，显示平和茶叶明确存在到一种高度。

漳州平和，人杰地灵，五江之源。灵通山、大芹山、高峰山……

平和大芹山高海拔地区云雾缭绕

山山环绕，山峦起伏，山高雾绕，清流潺潺，大地肥沃，林竹茂密，琯溪蜜柚硕果累累，白芽奇兰香飘千里。

白芽奇兰自选育成功以来，犹如“奇兰仙女”下凡：1989 年获“福建省名茶评比一等奖”，1991 年、1992 年、1993 年连续三年获“福建省优质茶奖”，1993 年获“中国专利新技术新产品博览会金奖”和国家农

2009 年白芽奇兰在首都北京举办推介会

2012 年白芽奇兰参加厦门“9·8”茶业展

业部“优质产品”证书，1996 年跻身福建省茶树新品种，1997 年白芽奇兰茶王 500 克拍卖 18 万元创全国同行业之最，1995 年、1996 年、1997 年、1998 年连续四年获“福建名茶奖”，2000 年平和县获“中国茶叶（白芽奇兰）之乡”称号，2002 年被指定为“中国女排专用茶”，2005 年获美国纽约第五届国际名茶评委会银奖，2007 年被评为福建省五大茶叶名品之一，2012 年获“最具影响力中国农产品区域公用品牌”，2012 年获第九届国际名茶评比金奖，2014 年获中国驰名商标，2018 年“白芽奇兰”品牌评估价值为 26.99 亿元，位列“中国茶叶区域公用品牌价值榜”第 14 位……“奇兰仙女”，媲美“观音”，风韵独特，饮誉华夏。

——“奇兰仙女”人见人爱。她个头中上，茶树新梢浅绿，老叶深绿油亮，仿佛身穿绿色旗袍、头部围着淡黄色丝巾的仙女。如果把她轻轻地放入“克拉克瓷”，用灵通寺的“珠帘化雨”沸洗，顿时兰香四溢，远飘十里，闻之令人心旷神怡。

——“奇兰仙女”寒夜知音。苏东坡曾以美女喻茶，喝白芽奇兰茶，又不得不讲和这个茶一样有名的平和人、世界文学大师林语堂，闲适时来泡一泡“奇兰仙女”，回味大师品茶的“三泡说”。自从有了“奇兰仙女”，中国人到哪儿都是快乐的！

——“奇兰仙女”人神同赞。“中国女排专用茶”白芽奇兰，象征中华儿女的血脉一般延伸世界各地。原来，不论是三平祖师爷、妈祖还是司命灶君，都和闽南老百姓一样喜欢“奇兰仙女”，每逢农历初一、十五，百姓们总是清心地泡上白芽奇兰茶，第一泡总是先给菩萨敬茶，第二泡、第三泡才给自己喝。难怪茶界泰斗张天福对“奇兰仙女”赞叹有加，挥毫题茗“奇兰茶韵，天然醇香”。

茶界泰斗张天福为平和白芽奇兰题字
（天醇茶业公司供图）

如今，“奇兰仙女”发祥地的茶乡儿女，犹如在“大芹云顶”“云端筑梦”，打造大陆“阿里山”。为实现“中国梦”，“奇兰仙女”正搭上“海上丝绸之路”之舟，乘风破浪，遍布全国600多个网点，畅销上海、厦门、深圳、广州等20多个大中城市，远销俄罗斯、日本、

高峰谷生态茶园（九龙江阳明公司供图）

马来西亚、美国等国家。

走进平和茶乡，豁然视野拓宽成一幅岁月的剪影，放眼的苍翠和浓香浸染着眼睛，“奇兰仙女”自然之美点缀了我们许许多多的梦，一个、两个，一梯、两梯……让一片片绿意的茶园醉成永恒的旋律。

白芽奇兰在 20 世纪 90 年代初就开始出口日本和欧盟。在“中国白芽奇兰茶之乡”平和县，有一位主营茶叶出口的茶人朱勇泉，他经营的茶产品 95% 以上出口国外，出口地主要就是日本和欧盟，年出口量从 20 个世纪 90 年代初的 150 千克到近年的 80 万千克以上，年销售额 1600 万元以上。2013 年，朱勇泉公司生产的 2 吨白芽奇兰茶顺利漂洋过海输往美国市场，为平和白芽奇兰茶在欧盟、日本等传统国外市场之外再出口取得了新突破。2014 年，平和县又一家

平和县白芽奇兰茶叶出口基地（引自《奇兰茶企》）

主营茶叶出口的企业兴起，注册有“大眥”“海山红”等商标，实行公司＋合作社＋农户经营模式，产品主要销往香港地区，以及缅甸、越南、意大利等国家，为白芽奇兰飞向国际市场增添羽翼。

后记

平和县是我国南方茶叶的重要产地，也是福建乌龙茶的主产地，先后获得“中国茶叶（白芽奇兰）之乡”“福建省十大产茶大县”“全国重点产茶县”“中国茶业百强县”“中国十大最美茶乡”等称号。平和县产茶历史悠久，唐宋时期就出产茶叶。清康熙年间《平和县志》更有明确记载：“茶出大峰山者良。”

20世纪八九十年代，白芽奇兰茶的选育、区试、示范、推广，把平和茶产业提升到一个新的水平。如今，平和白芽奇兰茶被确认为中国驰名商标、中国农产品地理标志产品等。海峡两岸茶业交流协会、漳州市委市政府、福建省农业厅2015—2017年连续三年重点打造以白芽奇兰为代表的“漳州茶”。

平和茶与文化紧密相连，从王阳明的“品茗议县”、黄道周的“峰茶润笔”到林语堂“三泡说”论茶，平和茶叶的故事在不同时代出现，让平和茶在袅袅的茶香中蕴含丰富的文化韵味，平和茶的芳香与平和文化的沉香糅合共融。

奇兰雅韵，香飘万里。为充分挖掘、传播和弘扬平和茶文化，我们组织编写了《平和白芽奇兰》一书，讲述平和白芽奇兰的生长环境、发展历程和茶文化历史。

本书由温天海负责稿件组织和统稿，成稿由林文彬、曾金河、江倩校订。在编写过程中，参考了《平和县茶志》《白芽奇兰故事集》部分内容，得到平和县委、县政府、县农业局领导的支持，平和县农业局、平和县广电新闻中心、平和县博物馆、平和县白芽奇兰茶协会等给予支持。在此，向所有关心支持本书编写工作的领导和同志一并表示衷心感谢！

限于编写者专业知识和学识水平，加之时间仓促，书中错误和疏漏之处在所难免，敬请专家和广大读者批评指正。

作者

2019 年 3 月